新型纺织服装材料与技术丛书

针织物结构力学性能及预测

吴济宏　程德山　著

中国纺织出版社有限公司

内 容 提 要

针织物的力学性能是针织物最重要的性能，关系到针织物的使用。本书提出了针织组织结构的弹伸性的力学模型，用此模型来预判常用组织及复杂组织的针织物的弹伸性，并应用于产品研发。通过对针织物组织结构的三维模拟，有助于认清针织物组织结构中各结构及线圈之间的关系，并且借助三维模拟可设计出垂面串套编织的新型织物结构。通过结构分析，提出了在针织大圆机上实现该结构的工艺原理，并实现了该结构织物的编织和性能评价。采用有限元分析法模拟针织物的拉伸力学行为，实现了对垂面串套编织针织物拉伸弹性及弹性针织物服装压力学性能的预测，对开发新型针织物结构、缩短针织产品的开发周期、降低开发成本等均有很好的帮助。

本书适合针织专业师生及针织行业从业者阅读使用。

图书在版编目（CIP）数据

针织物结构力学性能及预测／吴济宏，程德山著
．--北京：中国纺织出版社有限公司，2023.11
（新型纺织服装材料与技术丛书）
ISBN 978-7-5229-1188-5

Ⅰ.①针⋯　Ⅱ.①吴⋯　②程⋯　Ⅲ.①针织物–结构力学–力学性能②针织物–结构力学–预测　Ⅳ.①TS181

中国国家版本馆 CIP 数据核字（2023）第 213414 号

责任编辑：苗 苗　　责任校对：高 涵　　责任印制：王艳丽

中国纺织出版社有限公司出版发行
地址：北京市朝阳区百子湾东里 A407 号楼　邮政编码：100124
销售电话：010—67004422　传真：010—87155801
http://www.c-textilep.com
中国纺织出版社天猫旗舰店
官方微博 http://weibo.com/2119887771
三河市宏盛印务有限公司印刷　各地新华书店经销
2023 年 11 月第 1 版第 1 次印刷
开本：787×1092　1/16　印张：12.25　插页 3
字数：240 千字　定价：78.00 元

前言
Preface

针织是生产织物的方法之一，针织产品以其良好的弹伸性及服用舒适性的优势，成为服装的主要用材。针织物组织结构丰富多样，可以通过组织结构的运用来实现千变万化的织物外观效果及实现所需要的功能或性能。弹伸性是针织物最重要的力学性能和服用性能，直接决定了作为服装的适体性和舒适性，是针织产品生产企业最关注的性能之一。本书对针织物结构的特征进行了分析，提出了不同针织物组织结构的弹伸性形成的机理及模型，实现了对基本结构形成的针织物及复杂结构形成的针织物的弹伸性能的预判，并应用该模型对多组织结构的针织产品进行了设计与分析，形成了对设计与开发及生产的指导性原则。基于有限元分析法，对针织物的力学行为进行动态模拟，实现了对针织物力学性能的预测。

第1章介绍了针织物的组织结构，分析了针织结构的力学性能，介绍了针织物结构三维模拟、力学性能预测的成果及趋势。第2章基于针织物结构的特征，对针织物结构形成的方式进行了分类，并对常用针织物组织结构进行了三维模拟，设计并模拟出了一种新型三维垂面串套针织结构，提出了针织复杂组织结构的弹伸性的构成模型，并运用此模型进行了路跑运动服装的设计开发与弹伸性性能评价。第3章对纬编弹性针织物结构参数进行了测试，并对其参数的相关性进行分析与探讨，得出了纬编弹性针织物的弹性及延伸性的相关规律与特点，并建立了适合纬编弹性针织物的线圈结构模型。基于织物相关参数的测试，对现有使用的模型与本模型进行相关的比较与分析，证明本模型能很好地表达弹性针织物的线圈形态。在对纬编针织物进行力学性能测试与分析的基础上，探讨了纬编针织结构及各因素与力学性能的相关性。第4章测试分析了经编弹性针织物的结构特征和拉伸力学性能，探讨经编针织物结构及各因素对拉伸性能产生影响的基本规律。第5章设计了柔性传感的服装压力测试系统和基于人体仿生的服装压力测试系统，并分别对经编弹性针织物和纬编弹性针织物的服装压进行了测试，厘清了经编弹性针织物和纬编弹性针织物在纵向拉伸和横向拉伸时，伸长率与服装压的关系。第 6 章采用有限元方法模拟纬平针织物线圈及其拉伸变形，得出了拉伸变形与服装压的动态关系，为针织物力学性能的预测提供了可靠的途径。第 7 章设计了垂面三线串套针织物的生产工艺，实现了在双面大圆机上对垂面三线串套针织物的织造，并对其性能进行了测试与评价。第 8 章采用有限元方法对垂面串套针织结构 3D 织物的拉伸力学行为进行了模拟，该模拟实现了对垂面串套针织结构 3D 织物的拉伸力学性能预测。

值得说明的是，本书的大量工作是在众多研究和开发人员共同努力的基础上完成的。在研究阶段，得到了导师于伟东先生的的全力指导，他的指导助我开启了这项研究之门，在研究过程中还得到了东华大学刘燕平教授、武汉纺织大学吴世林教授的大力支持；硕士研究生郑小号、许书婷，本科生向诗瑶等参与了部分理论研究和实验工作。在产业化应用和产品开发中，得到了诸多知名企业如台巨纺织（上海）有限公司、武汉市依翎针织有限责任公司、轻功体育用品（武汉）有限公司、广州哈贝比服装有限公司等单位的大力支持，他们提供了大量的一线数据并一同进行了技术攻关，且产生了一些成果，这些成果有益于企业新技术的开发及应用，促进了企业技术升级，提升了企业的经济效益。本研究产生的成果获得湖北省科技进步三等奖两项，中国纺织工业联合会科技进步二等奖一项。

新技术的开发与应用只有起点，没有终点，对新技术的探讨永无止境。笔者在针织物结构力学的探讨上取得了一些进展，并进行了应用实践，但由于针织物结构的多样性与复杂性，只做了其中的一部分，还需要我们与企业共同继续努力，完善这方面的工作。由于作者水平有限，书中难免存在疏漏之处，恳请读者予以批评指正。

吴济宏

2023 年 7 月

目录

Contents

参考文献

第 1 章

针织物结构形态与力学性能

针织结构是构成织物的三大结构之一，是一种二维三取向织物结构，在服用、装饰及产业领域有着广泛的应用。简单的针织结构由单元线圈组成，可通过不同的线圈组合、成圈过程干预、线圈转移及添加纱线或原料等方式来获得花色效果更为丰富、功能更为强大的织物。针织物结构有别于梭织和非织造物的特点是其具有很好的弹性、延伸性等力学性能，尤其适合作为服装产品的用材。不同的针织结构，所表现出来的力学性能差异性也很大，厘清针织物各种结构所表现出的力学性能，进行归纳与总结，并获得其规律性，有助于预判其力学性能属性，为设计所需要的针织产品提供参考依据。

1.1　针织物的结构特征

针织物是由织针将纱线弯曲成线圈形状并相互串套而形成的。纱线喂入针织机的方向不同，形成的织物结构也不一样，从纬向喂入纱线则形成纬编针织物，从经向喂入纱线则形成经编针织物。纬编针织物的纱线所形成的线圈在横向形成相互串套，经编针织物的纱线所形成的线圈则在纵向形成相互串套，如图1-1所示。

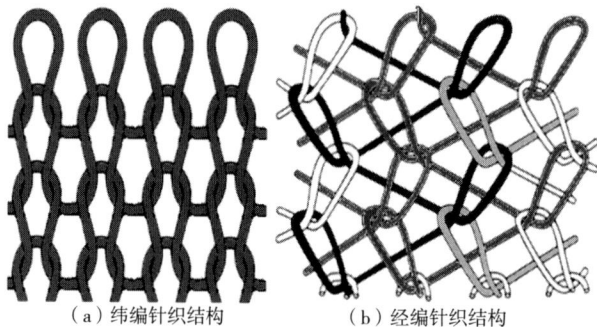

（a）纬编针织结构　　　　　（b）经编针织结构

图1-1　针织物的线圈结构图

针织物的基本结构单元是线圈，纬编针织物的线圈与经编针织物的线圈种类较多，有相同也有差异。最基本的纬编线圈是由圈柱（$B-C$）、针编弧（$A-B$）和沉降弧（$C-D$）组成的，最基本的经编线圈是由圈干（$F-G-H$）和延展线（$E-F$）组成的，如图1-2所示。

由于针织物是由弯曲的线圈构成的，在编织过程中纱线被织针强制弯曲，贮存了应力，处于一种高能状态，因此针织物具有自身独特的性能，主要表现在其具有良好的弹性和延伸性，还会有卷边和脱散等特性。构成针织物的线圈，由于其形态只是相对稳定，在一定的环境条件下保持暂时的平衡，因此受到外力的作用或环境条件变化，

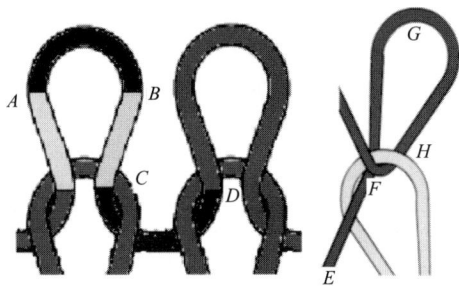

图 1-2　针织物的线圈构成

会有相对不确定性，在外力作用下，会产生线圈各部段转移及重组，而致织物的尺寸发生变化，而外力去除后，线圈又会逐渐回复到原来的状态，这就是织物弹性及延伸性的成因。

1.1.1　纬编针织物的结构及性能

从结构变化来构成纬编针织物的方式较多，之前的研究并没有完全归纳出纬编针织物组织结构的方式，在这里通过对所有纬编针织物的结构进行梳理，可以认为纬编针织物的结构主要由四种形式获得：①正反面线圈的规律组合：可形成纬平针、罗纹、双罗纹、双反面等基本组织及其变化组织，如图 1-3 所示；②织针成圈过程的干预：通过取消或改变成圈过程的步骤，会产生不完全编织的集圈悬弧和不编织的浮线，从而得到提花组织、集圈组织等结构，如图 1-4 所示；③线圈部段的转移：通过转移线圈的针编弧、沉降弧或线圈的圈柱，来获取纱罗、菠萝等移圈类的组织结构，如图 1-5 所示；④组织结构的复合或组合：通过两种或两种以上的各种组织进行复合或组合来获得复合组织结构，如图 1-6 所示。在进行纬编针织物的设计与开发过程中，结构设计与开发是途径之一，可以通过上述一种方式或多种方式组合运用，也可以运用这些方式创新一些新型纬编针织结构，来开发新型纬编针织结构的织物。

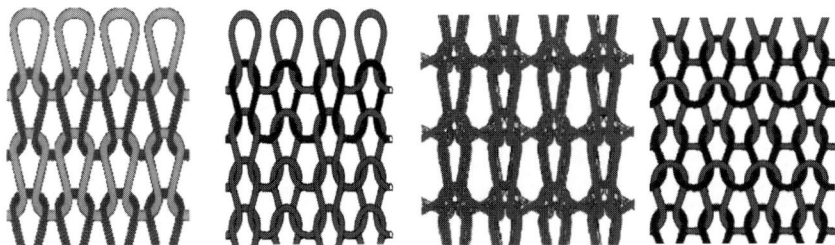

图 1-3　正反面线圈组合类纬编针织组织结构

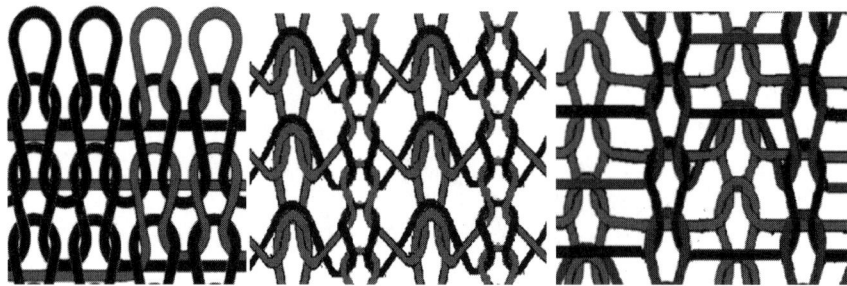

图 1-4　成圈过程干预类纬编针织组织结构

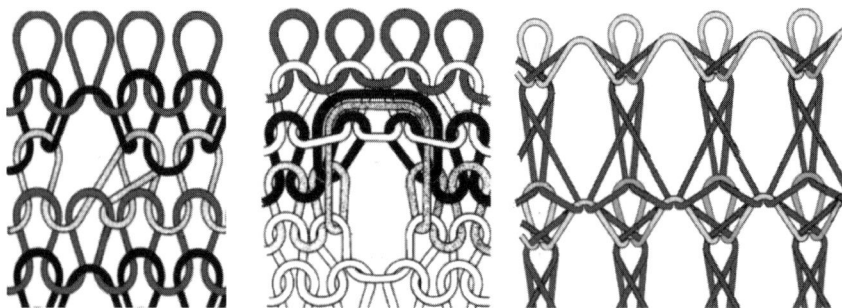

图 1-5　线圈转移类纬编针织组织结构

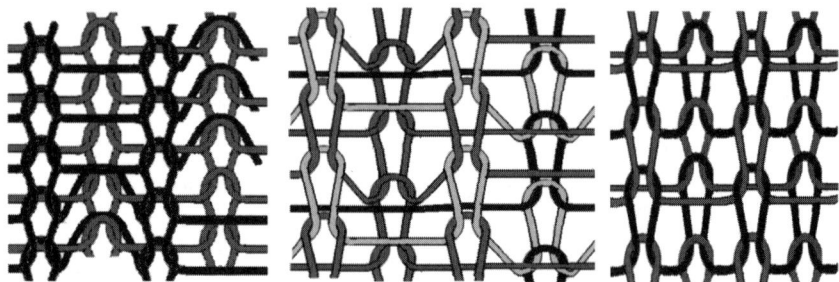

图 1-6　复合类纬编针织组织结构

　　纬编针织物的线圈是在纬向延续连接的，从二维的视角来看，它由两个弧线部段和两个直线部段组成。线圈受外力作用，线圈各部段会发生重组，弧线部段会产生伸直加长或变得更加弯曲缩短，直线部段也随之变短或变长。纬编针织物在平衡状态下，特定组织的线圈纵行或横列也会产生遮盖或覆盖，如罗纹组织和双反面组织，这些构成了潜在的织物变形要素。线圈是纬编针织物的结构单元，针织物是由正常线圈和不完全线圈（集圈、浮线）构成的。线圈的各部段（圈柱、圈弧）在针织物中只是保持相对稳定，在外界环境变化或外力干预时，线圈各部段会发生调整来适应此变化，这就构成了织物形态上的变化。形态上变化的主要特征就是织物在尺寸上的变化，从而使织物产生弹伸性。纬编针织物在横向及纵向拉伸时，其线圈部段转移后的线圈形态变化如图1-7所示。

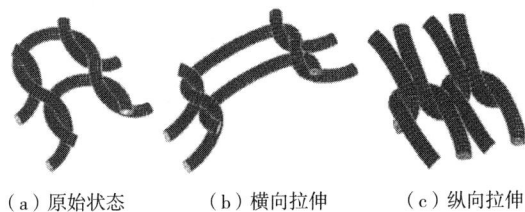

（a）原始状态　　　（b）横向拉伸　　　（c）纵向拉伸

图1-7　纬编针织物受力拉伸时线圈的形态变化

1.1.2　经编针织物的结构及性能

基本的经编针织物的结构中，根据延展线所处的纵行及处于线圈的左右位置和交叉状态，大体有10种形态，如图1-8所示。经编针织物的结构变化方式较多，归纳总结出经编针织物组织结构的方式，对经编针织物的设计与开发会有较大的帮助，在这里通过对所有经编针织物的组织结构进行梳理，可以发现经编针织物的结构主要有三种形式：①线圈组合：通过10种不同种类的线圈组合，可形成编链、经平、经缎、重经、罗纹经平等组织，如图1-9所示；②织针成圈过程的干预：通过取消或改变成圈过程步骤的成圈干预，会产生不完全编织的集圈悬弧和不编织的浮线（长延展线），从而得到缺垫、缺压、压纱等组织结构；③组织复合或组合：通过两种或两种以上的各种组织进行复合或组合来获得复合组织结构。在进行经编针织物的设计与开发过程中，结构设计与开发是途径之一，可以通过上述一种方式或多种方式组合运用，也可以运用这些方式创新一些新型经编针织结构，来开发新型经编针织结构的织物。

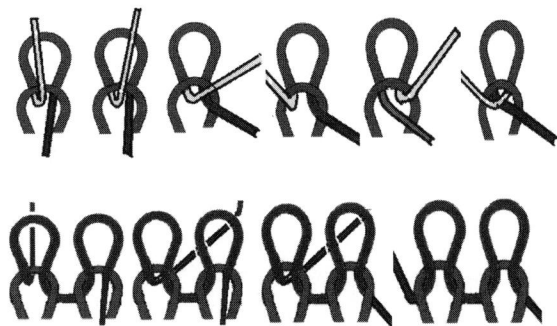

图1-8　经编针织物线圈类型

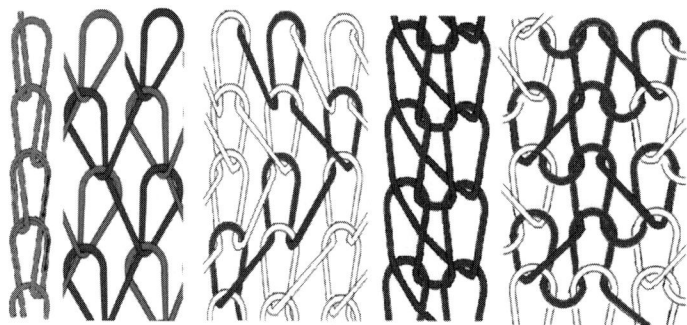

图1-9 线圈组合类经编针织组织结构

经编针织物的线圈一般是在纵向延续连接的，从二维的视角来看，它由一个针编弧线部段和四个直线部段组成，受外力作用，线圈各部段会发生重组，弧线部段会产生伸直加长或变得更加弯曲缩短，直线部段也随之变短或变长。经编针织物的线圈种类较纬编线圈多，其延展线可以在线圈的左右方向作出变化或在是否产生空间交叉上作出选择，线圈的两个延展线分处在线圈的左右，则线圈转移所贡献的伸长就比较大，线圈的两个延展线同时处在线圈的一侧的，则线圈转移所贡献的伸长就比较小，因此其弹伸性有较大的差异。总体来说，经编针织物的横向弹伸性比纬编织物小，纵向弹伸性则比较接近。线圈是经编针织物的结构单元，经编针织物可以是由基本线圈和不完全线圈（集圈、延展线）构成。线圈的各部段在针织物中只是保持相对稳定，在外界环境变化或外力干预时，线圈各部段会随着受力的大小及方向进行调整，重新建立新的力学平衡和形态，形态上的变化的主要特征就是织物在尺寸上的变化，从而使织物产生弹伸性，经编织物线圈受力拉伸时线圈形态变化如图1-10所示。

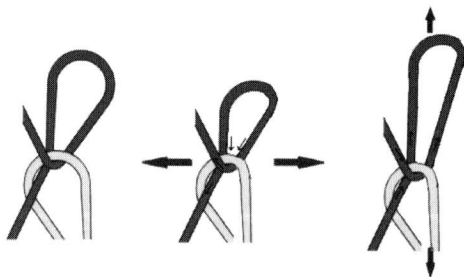

图1-10 经编线圈受力拉伸时线圈形态变化

1.1.3 针织物结构的三维模拟及进展

在实际的应用中，为简单起见，一般用二维的模型来表达，用于计算针织物的线圈长度等参数，纬编线圈建模有 Pierce 模型法、基于分段函数法和基于样条曲线法。

Pierce 线圈模型假设织物完全松弛时，半圆环表示的针编弧和沉降弧，模型中所有线圈的特征参数与纱线直径之间存在一定的比例关系，简化了线圈结构。Leaf Glaskin 模型使用相互对称的圆弧连接，模型可以表现出织物线圈的松紧和厚度，反映织物的密度。Munden 模型假设织物线圈处于理想状态，各个部位相同，且没有内力，由此来计算出织物线圈特征参数与线圈长度的关系，但二维模型所带来的是较大的误差，同时二维结构模型也不能真实反映针织物结构的空间形态。对针织物的线圈及组织结构进行三维模拟，不仅能真实展现线圈和针织物的组织空间结构，而且通过三维模拟可以直观地反映出织物的外观形态，还有助于分析出织物的相关性能。针织物的线圈形态三维模拟的方法主要有两种：一是基于有限元分析方法，采用 ANSYS、ABAQUS 等有限元分析软件进行模拟；二是采用计算机图形学方法，使用 3D Max、Solid Works 等软件进行建模和模拟。针织物结构复杂，线圈多样，存在纱线相互串套、覆盖的情况，纱线建模是纬编针织物仿真中的关键部分，如图 1-11 所示。史晓丽等基于 Pierce 模型用圆柱和圆弧，建立三维线圈模型。张克和等对 Pierce 线圈模型提出了修正的计算方法，探讨了线圈长度与针织物结构变化的关系，并运用计算机仿真技术对纬平针、罗纹、双反面组织进行三维模拟。赵磊运用了 Pierce 模型经典的线圈结构关系，结合 OpenGL 的库函数并利用 Brzier 曲线仿真纬编织物。Peirce 线圈模型难以表达针织物线圈之间的三维立体串套关系。

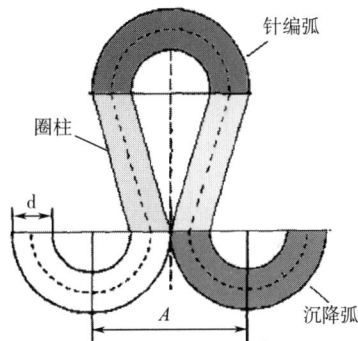

图 1-11 Pierce 线圈结构模型

Vassiliadis 等分析纬编线圈的结构，测量线圈各个部分的长度，用分段函数建立线圈中心线，纱线截面用圆形表示，建立纬编线圈三维模型，如图 1-12 所示。

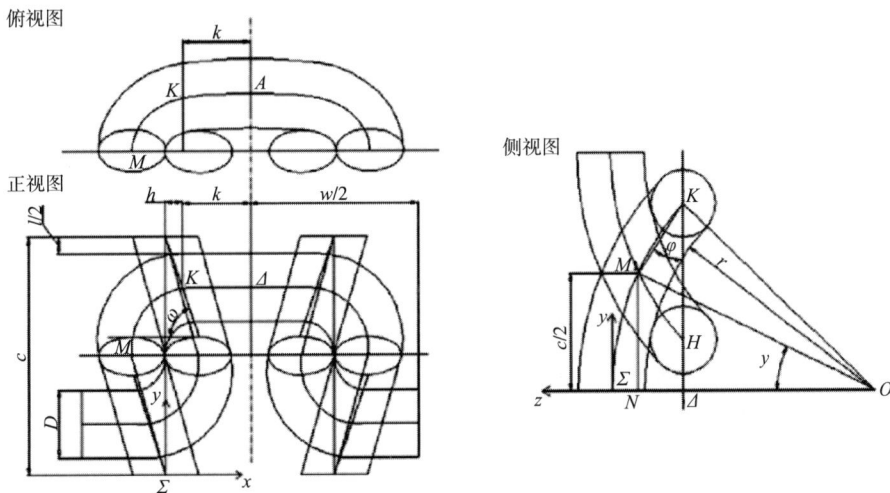

图 1-12 针织物线圈模型

刘凤等用正弦函数表示纬编线圈的圈柱、沉降弧、针编弧，使得线圈中心线具有三维结构，通过 OpenGL 库数据的调用，在 Visual C++编程环境下，模拟出了纬编织物的三维立体串套效果，如图 1-13 所示。兰振华等在 Leaf-Glaskin 模型基础上，使用不同的函数表示纬编针织物线圈的不同部位，建立了纬编织物模型，这些模型灵活性一般。

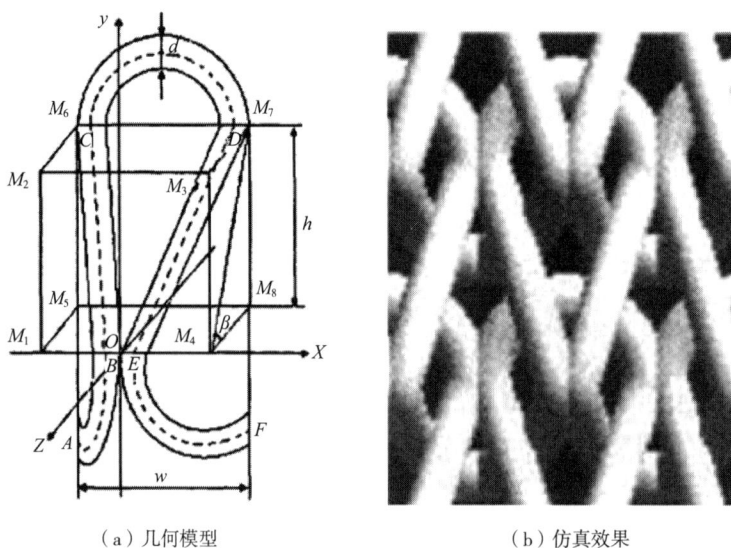

（a）几何模型　　　　　　　（b）仿真效果

图 1-13　纬编线圈模拟

B 样条的概念是 Schoenberg 于 20 世纪 40 年代提出的，B 样条曲线可以通过控制点改变线圈形态，较好地解决了形态控制问题。NURBS 曲线可改变相应的控制点，转换为 Bezier、有理 Bezier、均匀有理 B 样条、非均匀有理 B 样条曲线。NURBS 可以调节线圈不同部位的形状，可展现线圈中心线的三维效果，在纬编线圈模拟中有较好的应用。Li 等反向推导纬编线圈中心线控制点，使中心曲线拟合通过控制点，以 Visual C++和 OpenGL 图形库，在计算机上建立线圈模型，增强了纬编针织物三维仿真的可视化效果。Cong 等将经编针织物纱线的中心轴线条走向用 NURBS 曲线、曲面进行模拟，通过插入型值点的办法，解决 NURBS 曲线需反复利用控制点的问题。瞿畅等采用 B 样条曲线模拟成纱路径建模，在 Visual Basic 环境下对针织物进行三维模拟。吴周镜等使用 B 样条曲线表示纬编线圈的圈柱，针编弧、沉降弧用椭圆表示，用函数来表示线圈的三维效果，在 Visual C++环境下结合 OpenGL 模拟针织物。李英琳使用 B 样条曲线表示线圈中心线，使线圈的三维效果得到更好的展示，建立了纬编基本组织模型，通过纬编单元线圈浮线、成圈、集圈等方法，建立了纬编变化组织模型。蒙冉菊等利用线圈单元上的特征参数，推导线圈中心线的控制点，NURBS 曲线建立纬平针线圈中心线，用实验对比了 NURBS 曲线建立的线圈单元模型和实际线圈，验证了此种方法的可靠性。王少俊等采用 NURBS 曲线建模，在 Visual C++环境下结合 OpenGL 对针织物进行仿真。王旭等使用 B 样条曲线完成对双反面组织线圈模型的建立，并利用 3ds Max 建模软件对其进行仿真渲染。孙亚博等使用数码显微镜观察平针织物试样，反算 NURBS 曲线控制点，采用 Rhino 软件建立针织物模型，并导入有限元分析软件模拟针织物拉伸过程。计算机图形学方法主要采用 3D Max、Solid Works 等软件进行建模和模拟。这种方法虽然不能得到纬编针织物的详细力学性能数据，但可以通过建立逼真的三维模型来更直观地展现纬编针织物的外观、结构和变形情况。此外，计算机图形学方法也可以结合有限元分析方法进行模拟。

1.2　针织物力学性能预测进展

以线圈为单元构成的针织物，因在编织过程中，使纱线产生了弯曲而使线圈处于一种不稳定状态，在受外力作用或环境变化时，线圈各部段会互相转移，以建立新的形态，这是针织物产生尺寸变化的原因，也是针织物具有弹性和延伸性的原因。针织物的力学性能影响到针织物的拉伸和顶破强力、弹性和延伸性、卷边性、脱散性等，直接关系到针织物的用途及使用。针织物力学性能的评价，目前主要是对成品进行实测并分析，Kristina 等使用 KES-F 自动拉伸系统分析服装穿着状态下的拉伸性能，对不同类型服用面料的拉伸性能进行测试分析。谭磊等测试针织面料在不同方向拉伸的断裂伸长和断裂强力，分析不同方向拉伸对针织面料拉伸性能的影响。潘月等测试针织物和机织物在不同方向拉伸的力学性能，统计数据并进行分析。传统实验方法需要对织物逐个测试力学性能，会消耗大量的面料，同时不能微观表示织物线圈的拉伸断裂过程。理论分析法能够较为准确地预测织物性能，在进行开发的前期就可以对针织物的性能进行预判，减少了许多开发环节，因而减少了人力和材料的消耗。然而，由于针织物中纱线的串套结构复杂、线圈个体单位体积小、数量多，模拟结果也容易出现偏差。

采用有限元分析方法对针织物进行三维模拟，不仅可以对针织物的结构形态进行三维模拟，也可以对针织物进行力学行为的动态模拟，得到较为准确的力学性能和形变情况。目前，人们主要采用 ABAQUS 和 ANSYS 两种有限元分析软件对针织物的结构和力学行为进行模拟，能真实地反映结构三维特征和动态力学行为，但对于较为复杂针织结构的模拟及其力学行为模拟并没有取得更大的突破。针织物在不同载荷下的变形和破坏机制是非常复杂的，其力学性能与纱线参数、织物结构、物理参数等因素密切相关。

在生产实践中，除了采用基本组织结构的针织物外，为实现更丰富的花色效果和获得更多的功能，多组织结构的针织物也大量被开发及应用。多组织结构针织物的出现，其力学性能特征及其规律更显复杂，目前也都是在织物成形后进行实测予以评价，这对开发成本和开发时间都是一个问题，对这类多组织结构的针织产品在开发前能够进行预判，目前还没有更好的解决办法，也是针织生产企业的一个痛点。

1.2.1 针织物拉伸弹伸性的预测及其进展

简单针织结构的针织物弹伸性的理论预测，目前通常采用有限元模拟并分析，可以得到三维的线圈模型，并获得动态的力学性能，因此是一种有效预测针织物力学性能的方法。有限元分析（Finite Element Analysis，FEA）是一种数值计算方法，可用于求解复杂的工程问题，如结构力学、热传导、流体力学等。它将实际问题的几何形状离散化为许多小的、简单的单元，通过在每个元素内部进行数值计算，可以得到整个结构的解，有限元分析方法可以用于求解结构的位移、应力、应变等各种物理量。Vassiliadis 等用三个相互接触的线圈建立织物线圈单胞模型，实现了线圈之间的相互串套，使用有限元分析预测织物的力学性能，从微观角度展示了相互接触的线圈在拉伸过程中的相互作用现象，并且用拉伸试验验证织物有限元力学模拟的准确性，如图 1-14 所示。

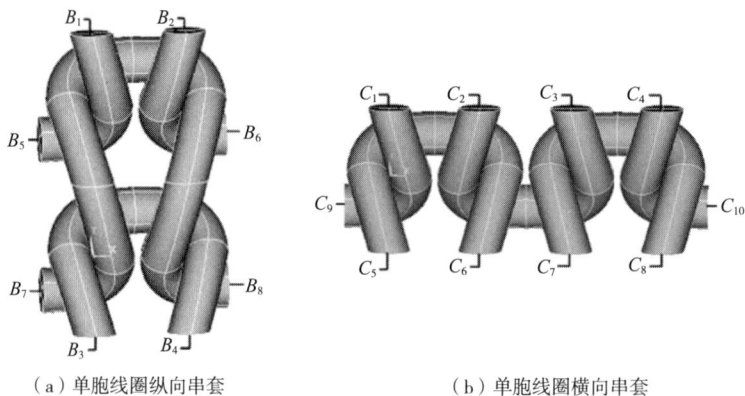

（a）单胞线圈纵向串套　　　　　　（b）单胞线圈横向串套

图 1-14　纬编针织线圈模型

Mohammad 等采用分段函数线圈建立模型，进行了双罗纹、多轴向纬编针织物建模，利用有限元模拟双罗纹、多轴向模型拉伸过程，进行变形仿真，真实地反映出了针织物结构的三维形态及拉伸过程中的形态变化，如图 1-15、图 1-16 所示。在此种建模方式的基础上，研究纬编复合针织物的热传导。

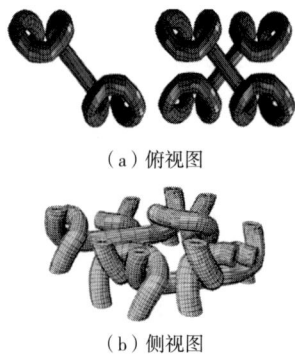

（a）俯视图

（b）侧视图

图 1-15　双罗纹针织结构单胞模型

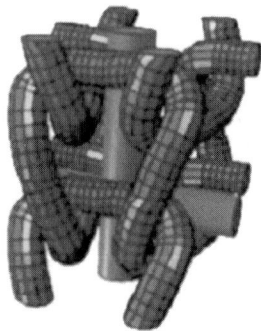

图 1-16　双轴向纬编针织物单胞模型

Dani 等使用贝塞尔曲线建立针织物模型，通过有限元分析方法研究不同结构织物的力学性能。Saba 等使用电脑横机织造一种特殊结构的三维间隔纬编织物，织物样品使用环氧树脂进行热固定形成复合织物，并利用有限元软件对复合织物进行力学模拟，通过实验验证模拟结果，证明了模拟间隔针织增强复合材料在外部弯曲载荷下的力学行为是合理有效的。江南大学李瑛慧等建立机织物单胞模型，代替整个织物模型进行有限元力学分析，预测机织物力学性能。Wang 等利用有限元方法研究了可膨胀的经编间隔织物的拉伸变形过程，经编织物线圈的几何形状通过 X 射线扫描得到。输入ANSYS 软件建立几何模型。模拟横向和纵向的拉伸过程，并与实验结果比较，有限元模拟的泊松比和应变曲线与实验曲线吻合较好。天津工业大学孙亚博等利用 Rhino 软件建立纬编针织物模型，使用有限软件模拟筒状纬编针织物拉伸过程，分析筒状纬编针织物的拉伸过程，筒状纬编针织物模型如图 1-17 所示。

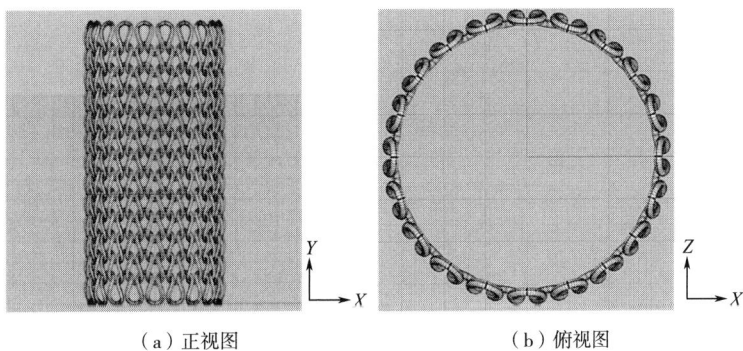

（a）正视图　　　　　　　　　　（b）俯视图

图 1-17　筒状针织物模拟模型

1.2.2　针织物服装压测试及预测进展

服装压是针织物重要的力学性能之一，针织服装大多用于贴身穿着，而且较多地涉及运动类、塑形和矫形类服装。因此，其对人体的接触舒适性、无阻碍运动和矫形作用是针织物设计和使用最主要的依据和目的。人们需要日常穿着物有良好的接触舒适性，运动时的穿着物有如人体皮肤一样的张弛特性，甚至无压力，在美感上，需要保持和彰显体形的塑形内衣或矫形功能内衣。这些均与穿着的接触压力有关，即服装压迫感，也属于织物接触舒适性范围。目前，针对针织服装穿着舒适性的研究也在日渐深入，除热湿舒适性和感觉舒适性外，压力舒适性已逐渐成为衡量弹性针织服装穿着舒适性的主要指标之一。

在穿着弹性针织服装的过程中，人们越来越认识到通过合理地利用服装压舒适性来达到一定的功能作用有着非常重要的意义，不同体型的人、人体的不同部位，以及人在不同的运动状态下对服装压舒适性的要求是各不相同的。服装压舒适性已经广泛应用于体育防护用品、医用绷带以及功能内衣等的设计和制作，合理利用服装压，使之既适合体型、便于人体活动，又不妨碍血液循环和呼吸运动，令穿着者感到舒适，同时对身体起到塑形、保护作用具有现实意义。但同时服装压舒适性又是一个比较复杂的体系，涉及人体曲面的复杂性及人体运动时的生理、物理变化的复杂性，而且受到着装面料性能、服装结构、穿着方式等诸多因素的影响，从而带来了研究的复杂性和难度。

服装压舒适性的研究主要是从建立理论模型以及改进测试手段来开展的，先进的服装压测试系统是压舒适性研究的重心，更是客观评定舒适性的依据和基础，有助于深入系统地开展服装压舒适性的研究工作。此外，服装压的理论研究及服装压测试方法的改进对服装压舒适性的深入研究具有推动作用。更重要的是，探讨服装压舒适性有助于合理设计和生产服装，有利于消费者科学地选择健康舒适的服装。由于我国对于服装压舒适性方面的研究起步较晚，对于着装接触压力的研究仍需深入，有关服装压产生的本质、测试手段以及其力学理论模型都尚未完善。

服装压舒适性的主要评价指标有束缚感、压迫感、滑爽感、刺痒感、柔软感、厚重感等。主观评价主要采用问卷调查法，根据得到的数据，对服装压感进行等级评分。主观评价法由于测试方法简单，快捷，是目前服装压舒适性的主要测试方法，具体是研究者利用心理调查量表对不同尺寸、不同弹性性能的服装作了主观压力感评价，对所得值进行分析，讨论各个部位的压力分布状况及理想的服装类型。主观评价法是最早人们评价服装压大小的常用方法，完全依赖主观判断，不能准确地测定具体部位服装压的大小，而且受人为因素干扰较大，因而不能作为服装设计的科学根据。

与主观评价法不同的是，客观测试法能较准确地测定具体部位服装压的大小，基本原理是：将微小的感压部件贴置于拟测部位，直接计量服装作用于感压部件的压力大小。①简易流体压力装置测试法：将内置空气的感压部件贴附于拟测部位，读取单管内水银柱或水柱的高度变化量或 U 形管内两侧的高度差，即为所测的服装压。日本 AM I - TECHNO 公司就是运用水为流体设计制作了 A0505 型简易型拘束压计/接触压计；②拉伸应变式服装压测定法：服装对人体的压力会使柔性的服装材料产生拉伸变形，在拟测部位黏附厚度很薄、测量误差较小的应变片式触力传感器即可反映压力变化。目前，用于测试服装压的触力传感器主要有金属电阻应变片式和半导体应变片式（压阻式）传感器。将体积微小的应变片式触力传感器作为感压部件黏附于拟测部位，服装压使应变片产生变形，把压力的变化作为电阻、电压的变化检测出来。这种测试装置体积小、重量轻、测试精度高，测试结果稳定。而且半导体应变片式压力传感器在线性度、抑制温漂等性能方面优于金属电阻应变片式，因此，能够实现低压下的高精度测量；③气压式服装压测定法：结合流体压力测试法和拉伸应变式测定法的优点而开发的服装压测定法。基本原理是：在微小的感压部件中充入一定量的气体，粘贴于拟测部位，感压部件感应出的服装压输入到与其连接的半导体应变片式压力传感器的输入端，从而压力的变化作为电压的变化被检测出来。感压部件采用弹性性能差、柔软易弯曲变形的材料，据不同的拟测部位，制成了圆形、圆角矩形，受复杂构造的人体、服装材料的伸长特性与刚柔性的影响较小，定量程度较高，能够进行动态测量。该方法操作简单，但准确度易受到操作人员和人体的影响。同时，对于动态服装压以及对人体曲率半径小的部位测量比较困难；④理论计算法：穿着衣服做各种动作时，衣服会沿纵向、横向和斜向被伸长而变形。若着装时衣料某点在经纬方向的曲率半径为 r_1、r_2（cm），张力为 T_1、T_2（N/cm），则该点的服装压 $P = T_1/r_1 + T_2/r_2$。衣服的伸长变形可用刻度尺测出布料在经纬方向的对应伸长率 N_1、N_2，由伸长曲线图上读出对应于 N_1、N_2 的经纬向拉伸力 T_1 和 T_2；按图 1-18 所示，h 为刻度盘所测受力点凸起高度，Φ 为带有刻度盘的量具的作用半径，r 为受力点在经纬向的曲率半径 r_1、r_2，求出受力点在经纬方向的曲率半径 r_1、r_2，即可按前式求出该部位的服装压。

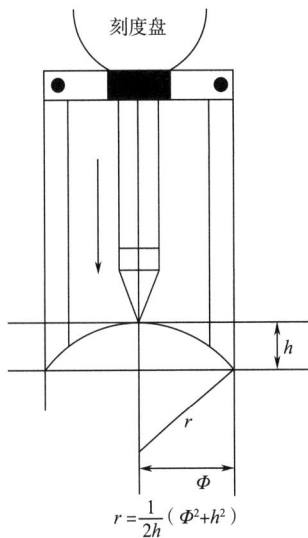

$$r = \frac{1}{2h}(\Phi^2 + h^2)$$

图 1-18　人体部位曲率半径求法

服装压的模拟及预测，目前主要基于两种方式：

①基于 Laplace 方程的模型：Laplace 方程是在 1806 年被提出，是用来解决液体的表面张力问题的。Kirk W 等人最早推导了织物伸长与人体所受压力的关系，压力 P 计算公式如式（1-1）所示：

$$P = \frac{T_H}{R_H} + \frac{T_V}{R_V} \tag{1-1}$$

式中：P 为织物的接触压（Pa）；R 为有关人体部位的曲率半径（cm）；T 为织物拉伸张力（N/cm）；H 表示水平方向；V 表示垂直方向。

Cheng 等人在研究医用压力袜的压缩理论时，表明观察到的现象可以用 LaPlace 方程表述即垂直于人体表面的压力与该点的曲率半径成反比。Macintyre L 等人通过固定宽裕量，测试了不同半径圆柱体上的压力大小，进一步验证 Laplace 方程的有效性，发现 Laplace 定律在预测曲率半径比较小的压力时，准确性比较低。Dias T 等人应用 Laplace 方程模拟预测了针织结构的几何、机械行为引起的表面张力。

②有限元模型：在材料力学性能研究中，有限元方法由于其不受几何外形、材料性能和接触体变形方式的局限而得到最广泛的应用。

建立人体运动和服装运动的模型，是分析服装在人体上力学运动的基础，学者在这方面进行了有益探索，得出了相应的模型，建立了相应的方程。

运动平衡方程：

t 时刻的服装运动平衡方程如式（1-2）所示：

$$\frac{\partial^t \sigma_{ij}(x)}{\partial^t x_j} + {}^t q_{gi}(x) = \rho^t a_i(x), \ x \in {}^t\Omega^1 \qquad i = 1,\ 2,\ 3;\ j = 1,\ 2,\ 3 \tag{1-2}$$

t 时刻人体的运动方程如式（1-3）所示：

$$^t q_{gi}(x) = \rho^t a_i(x), \ x \in {}^t\Omega^2 \qquad i = 1,\ 2,\ 3;\ j = 1,\ 2,\ 3 \tag{1-3}$$

式中：${}^t\sigma_{ij}(x)$ 为柯西应力，给虚拟圆盘上服装内某一点的实际牵引力；${}^t q_{gi}(x)$ 为体力 ${}^t q_g(x)$ 的第 i 个分量，$n = 1,\ 2$；ρ 为服装和人体的分别的密度；$a_i(x)$ 为物体 n 的加速度分量。

本构方程如式（1-4）所示：

$$^ts_{ij} = c_{ijkl}\,{}^t\varepsilon_{kl},\ {}^t\Omega^1 \quad k = 1,\ 2,\ 3;\ i = 1,\ 2,\ 3 \tag{1-4}$$

式中：c_{ijkl} 为材料系数；s_{ij} 为与柯西应力张量 $\sigma_{ij}(x)$ 有关系的第二 piola-kirchhoff 应力张量；ε_{kl} 为格林—拉格朗日应变张量。

李毅等人基于以上模型，采用有限元软件模拟了人体和服装间的动态接触，得到了模拟女性在身穿合体运动衣以恒定速度慢步时的动态服装压分布。但是，此模型存在一定的局限性，模型与实际人体服装压力有一定差距，计算复杂，需借助功能强大的计算机来完成，实际应用存在困难。他们还在以上人体模型的基础上，进一步改进，建立包括三层不同机械性能结构的人体模型，分别为骨结构、软组织和皮肤。基于以上模型及人体模型，模拟了穿着紧身长裤过程中，服装和皮肤之间的三维压力分布，应力分布及变形情况。笔者建立了一种新的服装压力测试方法，取得了知识产权，用此方法对相关面料的服装压进行了测试，能够很好地表征针织物的服装压力学性能。

第 2 章

针织物结构模拟与弹伸性模型

一般来说，无纺布是二维单取向结构，梭织物是二维双取向结构，针织物则是二维三取向结构，针织线圈的形态具有明显的三维特征。目前对针织物的认知及分析与应用上，大多局限于二维认知与分析，二维认知不能很好地反映针织结构的真实形态与形貌，也很难清晰地展示空间结构之间关系和线圈的串套关系。对针织物的设计开发人员来说，需要对所设计开发的针织物有一个初步的感知，如果在设计阶段先进行结构的三维模拟，可以很好地帮助设计人员感知所设计织物的形貌，并可进一步对所开发的织物进行相应的修改或改进，减少开发过程，提高开发效率，降低开发成本。厘清针织物弹伸性的机理及建立弹伸性的模型，则有助于预测所开发针织物的弹伸性等性能。

2.1 针织物结构的三维模拟

使用3ds Max软件的NURBS曲线建立线圈中心线，构建线圈单胞模型，线圈单胞模型构建过程主要包括线圈中心线拟合、线圈截面形状建模以及沿中心线扫掠截面，通过修改关键型值点坐标，利用附加和连接命令组合曲线。Vray渲染器赋予材质、打光、渲染，建立纬平针组织，在纬平针组织的基础上调整单元线圈控制点，模拟衬纬组织、罗纹组织、双面复合组织等常用针织物。

建立针织物模型的方法是先用图像法确定单元线圈工艺参数，推到线圈中心线控制点，通过NURBS曲线连接控制点构建线圈中心线，在三维空间中将单元线圈中心线沿纬向阵列、附加连接成一条曲线，纵向以圈高为间隔距离阵列，纱线横截面理论形状主要有圆形、椭圆形、透镜形、跑道形等多种类型。横截面可在纱线指定位置上创建不同类型以贴近纱线实际形状。使用Vray渲染器创建材质，把材质赋予给模型，布置相应的光线，渲染出模型图片，针织结构模拟过程如图2-1所示。

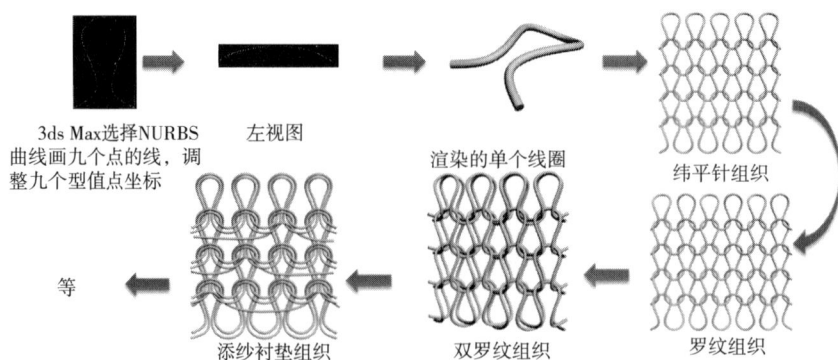

3ds Max选择NURBS曲线画九个点的线，调整九个型值点坐标　　左视图　　　　　　渲染的单个线圈　　　纬平针组织

等　　　　　　添纱衬垫组织　　　双罗纹组织　　　罗纹组织

图2-1　针织结构模拟过程

2.1.1 常用针织物结构的三维模拟

针织物的最小单元是线圈，构造针织物三维模型，首先要获取单元线圈几何参数，以针织类最简单的纬平针织物为研究对象，原料为15.2tex精梳棉纱，置织物于标准温湿条件下平面松弛48h，以消除残余应力，经温湿调节的织物使用YG141数字式织物厚度仪对织物厚度进行测试，得到织物厚度为0.12mm，经测试其横密为75纵行/50mm，纵密为95横列/50mm，采用显微图像法获取试样几何参数，通过DSX510高级测量显微镜在68倍放大下观察试样，随机选取5处进行图像采样，观察试样图像，对图像中的单个线圈进行中心线控制点标记，由几何位置和对称关系，建立相对坐标。各中心线控制点位置关系及特征参数如图2-2所示。

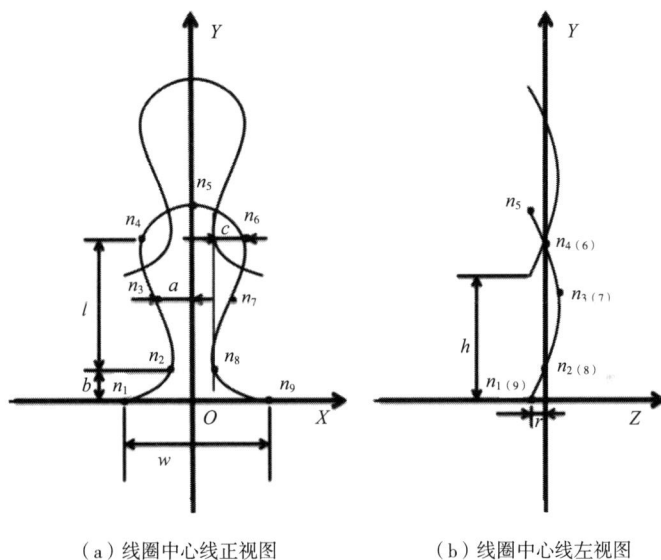

（a）线圈中心线正视图　　　　（b）线圈中心线左视图

图2-2　线圈中心线控制点

w—横向圈距　b—圈弧高度　l—圈高　c—圈柱宽度　r—线圈截面半径

图中，圈柱中点到 Y 轴距离为 a，$w=4a$，圈弧宽度为 $a+0.5c$，由线圈间嵌套方式和厚度测量可知，线圈厚度 $s=4r$，中心线控制点的相对坐标如表2-1所示。

表2-1　线圈中心线控制点相对坐标

型值点	坐标	型值点	坐标
n_1	$(-2a, 0, r)$	n_4	$(-a-0.5c, b+l, 0)$
n_2	$(0.5c-a, b, 0)$	n_5	$(0, 2b+l, r)$
n_3	$(-a, b+0.5l, -r)$	n_6	$(a+0.5c, b+l, 0)$

型值点	坐标	型值点	坐标
n_7	$(a,\ b+0.5l,\ -r)$	n_9	$(2a,\ 0,\ r)$
n_8	$(a-0.5c,\ b,\ 0)$		

确定型值点的相对坐标和特征参数，再使用 DSX510 型高级测量显微镜测量线圈的特征参数，线圈工艺参数如表 2-2 所示。

表 2-2　线圈工艺参数

单位：μm

序号	w	b	l	c	r	a
1	707.16	170.21	630.91	150.21	63.49	171.68
2	705.81	165.34	634.21	147.18	62.62	182.59
3	710.52	160.78	638.92	155.59	64.27	181.98
4	714.41	171.56	622.32	149.65	61.31	172.67
5	723.5	175.86	640.59	158.52	64.46	181.43
平均值	712.28	168.75	633.39	152.23	63.23	178.07

根据所得数据对工艺参数进行赋值，得到的线圈工艺参数赋值如表 2-3 所示。

表 2-3　线圈工艺参数赋值

单位：μm

工艺参数	数值	工艺参数	数值
w	712	c	152
a	178	r	63
b	168	l	633

把各个工艺参数代入线圈型值点公式得到线圈中心线控制点坐标，如表 2-4 所示。

表 2-4　线圈中心线控制点坐标

单位：μm

坐标	X	Y	Z
n_1	-351	0	81
n_2	-114	160	0
n_3	-176	464	-81
n_4	-237	767	0
n_5	0	971	81
n_6	237	767	0
n_7	176	464	-81
n_8	114	160	0
n_9	351	0	81

线圈截面采用圆形，放样路径为单元线圈中心线。在 3ds Max 软件中建立单胞线圈几何模型，单胞线圈几何模型构建方法是沿线圈中心线扫掠横截面得到，线圈模型是通过定义纱线在织物中的成纱路径（中心线）来实现，因此需要对线圈中心线和截面形状进行准确定义，使用 3ds Max 软件的 NURBS 点曲线建立九个控制点的曲线，依次修改中心线控制点的坐标，如图 2-3 所示。

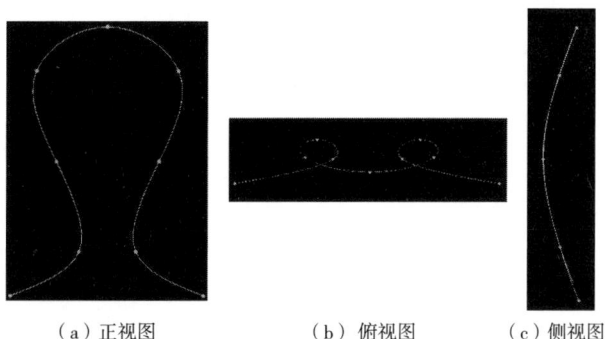

（a）正视图　　　　　　（b）俯视图　　　　　　（c）侧视图

图 2-3　单元线圈中心线

点击"修改"命令，选择在渲染中启用，径向厚度 0.8、边 30，如图 2-4 所示。

赋予材质，选用 Vray 渲染器的穹顶光，调节倍增器 1.1，渲染单元线圈模型，如图 2-5 所示。

假定纱线为均质材料，在不考虑纱线差异造成影响的前提下，以单元线圈模型为单位，通过平移、旋转等命令完成对织物模型的建立，省去了计算量大且复杂的过程。在 3ds Max 软件中沿 x 轴首尾阵列平铺单元线圈，附加、连接、组合成一条中心线，在 y 轴方向以 h 为间隔距离阵列中心线，得到纬平针组织中心线如图 2-6 所示。选择在渲染中启用，修改径向厚度和边。赋予材质，使用 Vray 渲染器，布置光线，模拟出纬平针组织的正面和反面线圈结构，如图 2-7 所示。

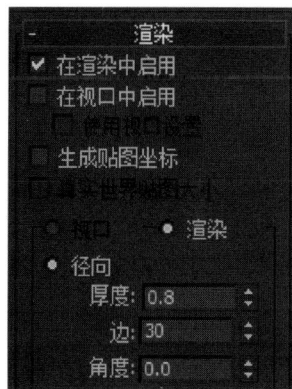

图 2-4　渲染设置

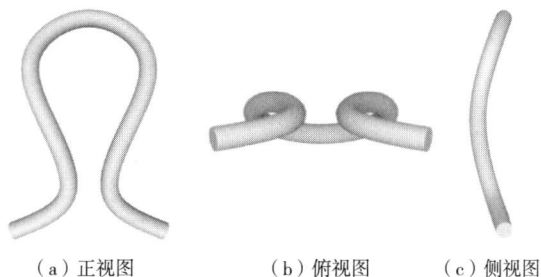

（a）正视图　　　　　　（b）俯视图　　　　　　（c）侧视图

图 2-5　单元线圈模拟图

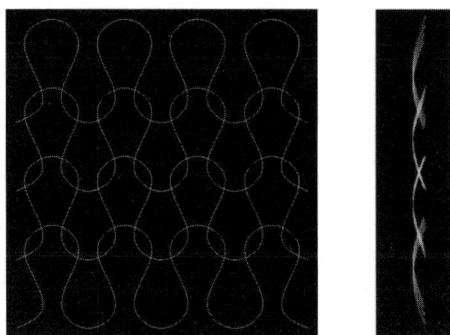

（a）正视图　　　　　　（b）侧视图

图 2-6　纬平针组织中心线

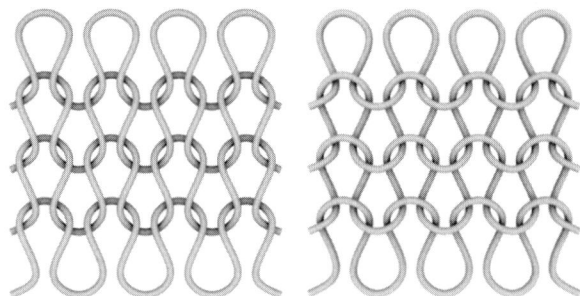

（a）正面　　　　　　　（b）反面

图 2-7　纬平针组织结构模拟图

以正面单元线圈模型中心线为单元建模，将中心线沿 x 轴首尾相连复制 1 个，复制的中心线绕 y 轴旋转 180°，正面线圈中心线和旋转后的中心线一起沿 x 轴首尾相连阵列，所有中心线依次附加、首尾连接组合成一条曲线，在 y 轴方向轴以 h 为间隔距离阵列，选择在渲染中启用，修改径向厚度和边，赋予材质，使用 Vray 渲染器，布置光线，模拟罗纹组织，模拟出的 1+1 罗纹组织结构如图 2-8 所示。

衬纬组织结构是纬编空气层面料常用的针织结构之一，是在双面地组织的基础上衬入不编织的纱线，一方面用来增加针织面料的空气层厚度和蓬松性来提升面料的保暖性，另一方面来形成横向强力的贡献。衬纬纱在针织物的结构中，没有与其他纱线产生握持和串套，呈松弛状态被夹持在双面地组织中间。在 1+1 罗纹组织中间衬入两条 NURBS 曲线。选择在渲染中启用，修改径向厚度和边，赋予材质，使用 Vray 渲染器，布置光线，模拟出衬纬组织结构，如图 2-9 所示。

由于衬纬结构中的衬纬纱在织物中没有得到有效的握持，容易被抽拉出来，容易形成钩丝，克服其不足的方法是使衬纬纱以集圈的方式得到握持，从而增大了衬纬纱从织物中被抽拉的摩擦力，为此模拟了基于集圈的变化衬纬结构。3ds Max 软件可以灵活修改型值点的坐标，利用附加、连接命令组合曲线，建立双面复合结构中心线，在渲染中启用，赋予材质，使用 Vray 渲染器，布置光线，模拟双面复合组织结构如图 2-10 所示。

针织物结构力学性能及预测

20

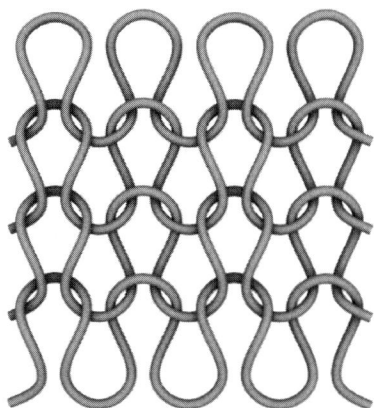

图 2-8　罗纹组织结构模拟图

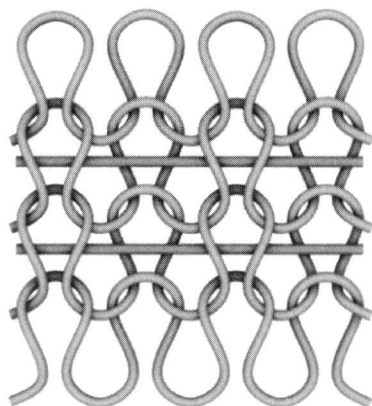

图 2-9　衬纬组织结构模拟图

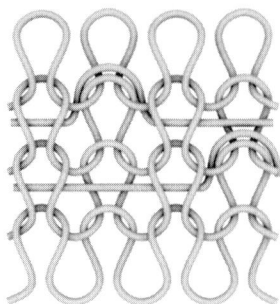

（a）正面

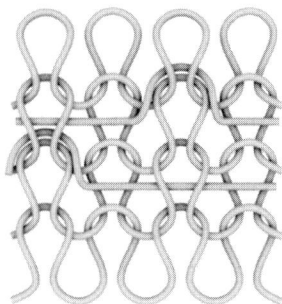

（b）反面

图 2-10　双面复合组织结构模拟图

　　双罗纹组织是由相同或不同的两个罗纹组织彼此复合而成的，两个罗纹组织相互之间形成互锁，用同样的方法模拟出双罗纹组织。从正视图可以很清晰地看到线圈的串套关系，从下视图可以看到两个罗纹组织的沉降弧彼此在空间产生交叉，采用同样的原理与方法，获得织物的双罗纹结构的三维模拟图，如图 2-11 所示。

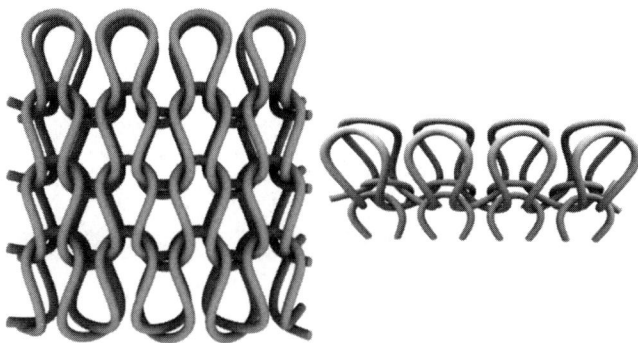

图 2-11　双罗纹组织结构模拟图

基于 3ds Max 软件，采用同样的方式，可以获得经编基本组织的三维模拟图，模拟出了 10 种经编组织结构，如图 2-12 所示。

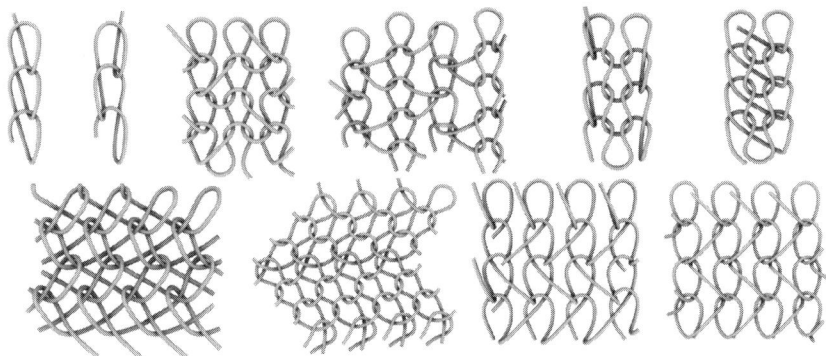

图 2-12 经编基本组织结构模拟图

2.1.2 三层纬编间隔结构模型构建

二维针织结构产品的力学性能可以满足针织服装的基本要求，而产业用纺织品通常要求三维多取向来实现高强高模及各向异性。目前基于纬编组织和经编组织结构的多取向针织结构生产技术已非常成熟，如经编多轴向结构，所开发出来的产品在产业用纺织领域得到了广泛的应用。三维针织结构是目前研究的热点和前沿，设计并实现三维三取向的针织结构将会得到真正意义上的 3D 织物，它具有在服装产业广泛应用的前景。

在这里先对相对简单的纬编间隔结构进行模拟，对其进行三维模拟，不仅可以看清其真实形态，还有助于更进一步地设计出特殊用途的产品。纬编多层结构的三维建模思路是先建立里、外层平铺线圈的模型，再将里、外层利用中间层纱线连接起来。双面间隔结构的表层为纬平针结构，中间间隔纱线在正面和反面线圈上集圈，提供有限的握持。在 3ds Max 软件中复制一个正面平针结构，沿 x 轴旋转 180°作为反面，单元线圈中心线变换型值点使其集圈在正反面线圈上，阵列、附加首尾连接，沿 y 轴复制 3 个，纬编双面间隔结构模拟结果如图 2-13 所示。

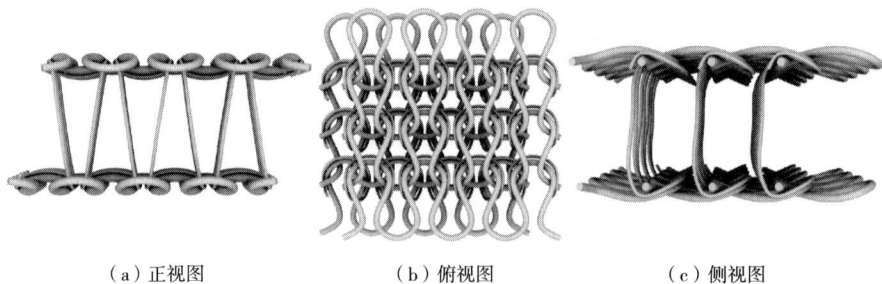

（a）正视图   （b）俯视图   （c）侧视图

图 2-13 纬编双面间隔结构模拟图

从模拟出来的三维结构图可以看出，织物的正面和反面均为纬平针织组织结构，中间的纱线会通过集圈的形式连接织物的正面和反面。实际的应用中通常在中间的空气层中，再衬入不编织的变形纱线，使其能够将织物的正面和反面间保持更大的空间距离，增大织物的厚度，这种结构形成的织物通常作为保暖用服装面料的结构来使用。

2.1.3 垂面两线串套结构设计及模拟

针织大圆机是生产纬编针织面料的主要机种，现有的双面大圆机一般设置一个针盘和一个针筒，彼此呈 90°配置，双面大圆机针盘和针筒的配置如图 2-14 所示。目前针织大圆机的针床数量还没有突破两个针床，因而可生产的织物结构也只能在上下两个针床各自编织，形成的结构为彼此平行的双层结构，其实质上还是双层二维三取向织物，而目前广泛使用的双面纬编结构存在的根本问题是填充层的纱线通常以衬纬的方式衬入到双层织物中间，纱线没有参与成圈，也就没有得到更多的握持，如图 2-15所示。而形成的织物在使用过程中，极其容易导致中间衬纬纱线容易被抽拔出来而产生钩丝，严重影响美观及服用性能。

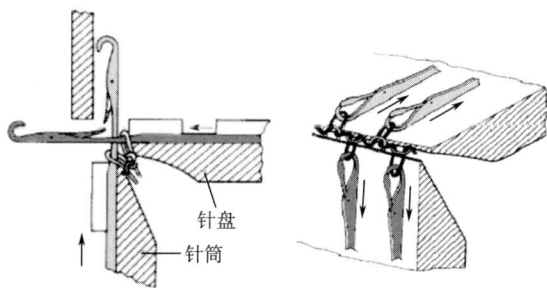

图 2-14　双面大圆机针盘和针筒的配置

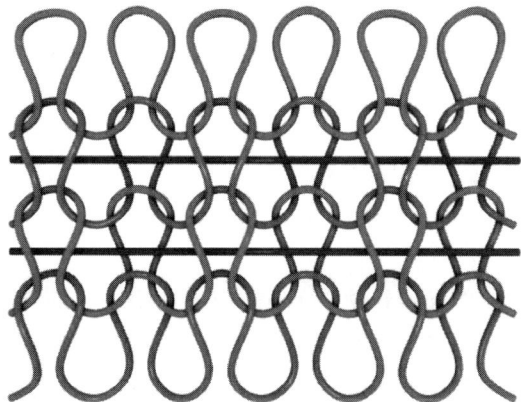

图 2-15　衬纬组织线圈结构

为了克服上述纬编衬纬组织结构所形成的织物在服用中的缺陷，同时使织物正面和反面间的间距视用途实现可以调整，解决的方法之一就是让所有纱线参与成圈，形成线圈串套，也就是将织物正面和反面连接的纱线不再只以集圈的形式连接，而通过再加入两根或更多根数的纱线，使它们在垂直于织物的方向编织成圈并相互串套，这样夹在织物正面和反面的纱线参与成圈而形成中间空气层，从而在另一个维度上形成织物片层，这种结构将是三维三取向织物。使用 3ds Max 软件调整中间层纱线中心线型值点，使得中间层线圈成圈串套，将得到垂面串套四层织物结构模拟图，如图 2-16 所示。

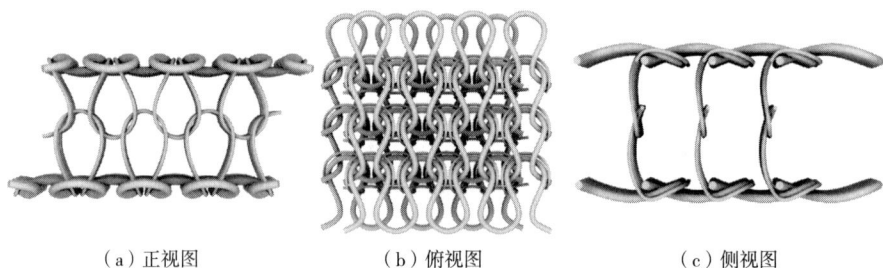

| （a）正视图 | （b）俯视图 | （c）侧视图 |

图 2-16　垂面两线串套结构模拟图

从图 2-16 可以看出，作为中间层填充的纱线通过成圈而实现了相互串套，纱线不再呈游离态夹持在正反面织物中间。一方面，这种结构形成的织物将会呈现较大的空气层，可以贮存更多空气，从服用性能上可实现更为保暖的功效，也为防抽拔和钩丝提供了可能，这将会提升织物的服用性能。另一方面，这种结构具备典型的三维特征，如能实现产业化的应用与开发，将使该结构的织物用于产业用纺织品成为可能。

2.1.4　垂面三线串套结构设计及模拟

从上述模拟可以看出，这种三维结构的单元还是线圈，因此从针织物形成的原理上具有在针织机上实现的可能。为增加织物正面和反面间的间距，可以采用更多的纱线，使其在垂面多横列串套获得。中间层采用三线进行垂面串套，中间的三根纱线形成特征明显的纬编结构，三根纱线形成的线圈横列垂直于织物的正面和反面，从而形成五层面料结构。使用 3ds Max 软件调整中间层纱线中心线型值点，使得中间层线圈成圈串套，将得到垂面串套五层织物结构的模拟图，垂面三线串套三维结构图模拟如图 2-17 所示。

垂面三线串套织物也是真正意义上的 3D 织物结构，正面和反面都是纬平针组织，因此该织物在横纵向的弹伸性上继承了纬平针组织结构的基本弹伸性，次外层和次里层纱线通过集圈与织物的正反面线圈连接，中间层纱线通过成圈串套与次外层和次里层线圈连接，这种结构使得形成的面料在垂直面形成了较大的厚度，次外层、次里层

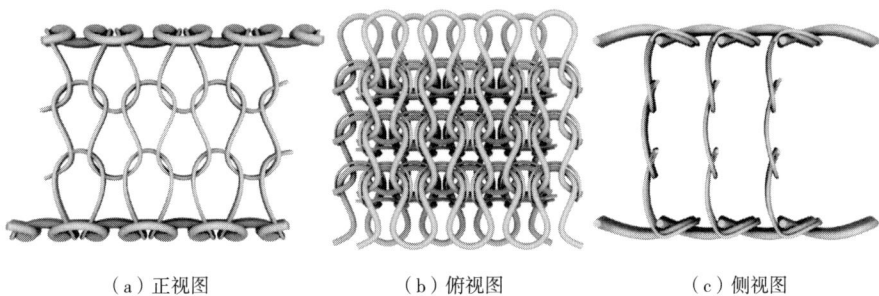

（a）正视图 （b）俯视图 （c）侧视图

图 2-17　垂面三线串套三维结构图模拟图

连接纱有中间层纱线的成圈串套，不易露出织物的正反面，能够有效改善多层针织物在服用中出现的中间层纱线钩丝、起毛起球等情况。中间层纱可对中间夹层给予一定的支撑，储存较多的空气，从理论上来说，这种结构会提高面料的保暖效果，因此垂面三线串套结构抗起毛起球、抗勾丝性能、保暖性会优于其他多层面料。

2.1.5　垂面四线串套结构设计及模拟

垂面四线串套结构的模拟是在垂面三线串套结构的基础上增加一个中间层线圈串套，如图 2-18 所示，可视需要增加中间层的线圈，实现垂面编织串套的多层纬编结构的模拟。

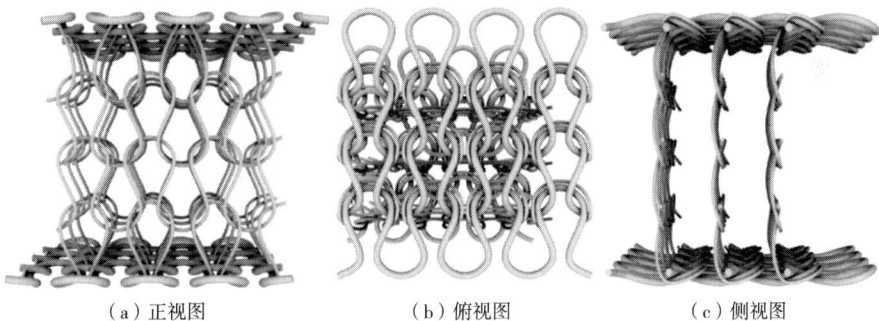

（a）正视图 （b）俯视图 （c）侧视图

图 2-18　垂面四线串套结构模拟图

基于对针织基本组织结构的模拟，设计模拟出了双面间隔、多线垂面串套的多层面料三维线圈结构图。相较于过去繁杂的建模过程，对建模进行了优化，将理论计算问题转变为软件应用问题，模拟结果展示了织物线圈间的串套关系，充分认识了垂面编织串套的多层纬编空间结构，直观生动地描述了针织物线圈的形态、结构和串套方式，实现了多维度可视的清晰表达，并为在针织机上实现此类结构提供了理论依据和参考，为复杂面料结构认知和特征分析提供了依据，这种结构将会有潜在的广泛应用和市场前景。

针织物的线圈结构决定了针织物较其他结构具有更好的弹性及延伸性，针织结构的类别是针织物弹伸性的主要因素，针织物弹伸性还与纤维种类、纱线种类、织物参数等有关。不同的针织物组织结构，所表现出的弹伸性的差异会很大。针织的组织结构形成的弹性及延伸性又与线圈纵行或横列之间的覆盖、线圈的部段转移等因素有关。分析总结出基本组织的弹性及延伸性形成的机制和基本规律，不仅可以对不同结构织物的弹性及延伸性进行预判，减少开发的成本和周期，而且可以为新产品的设计和开发提供帮助。

2.2.1 针织线圈部段转移的基本规律

当纬编针织物在横向拉伸受力时，线圈的圈柱会向针编弧和沉降弧转移，而沉降弧在接受圈柱贡献出来的长度和受力后，变得长且直。针织物在纵向缩短每一个单位的长度，就贡献给横向约两个单位的伸长，横向拉伸时线圈的形态变化如图2-19所示。

当纬编针织物在纵向拉伸受力时，线圈的针编弧和沉降弧会向圈柱转移，线圈的圈弧贡献出来长度和受力后，变得更长。针织物在横向每减少一个单位的长度，就贡献给纵向约0.5个单位的伸长，纵向拉伸时线圈的形态变化如图2-20所示。从纬编线圈在受到横向及纵向的拉伸时变形所产生的伸长看，其横向产生的变形伸长更大。

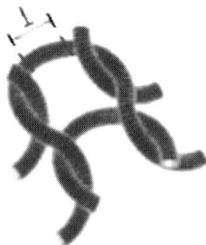

（a）原始状态　　　　（b）横向拉伸　　　　　（a）原始状态　　　　（b）横向拉伸

图2-19　横向拉伸性线圈形态变化　　　　图2-20　纵向拉伸时线圈形态的变化

经编线圈的种类较多，有开口线圈、闭口线圈、重经线圈等，其延展线处于同向或不同向，其线圈部段的转移有一定的差异。一般来说，延展线异向的开口线圈与纬编线圈接近，其转移规律与纬编线圈相同，重经线圈也因为中间存在沉降弧，其线圈部段的转移也符合纬编线圈的转移特征。下面以闭口线圈为例来分析经编线圈在拉伸时的线圈转移规律，经编针织物在横向拉伸时，圈干的部分每转移 1 个单位高度，贡献给两个延展线的量也是 1 个单位；在纵向拉伸时，两个延展线各转移 1 个单位，贡献给圈干的高度也是 1 个单位，从这点来看，经编闭口线圈组合而成的织物，其纵横向的延伸性基本接近。经编闭口线圈的拉伸变形如图 2-21 所示。

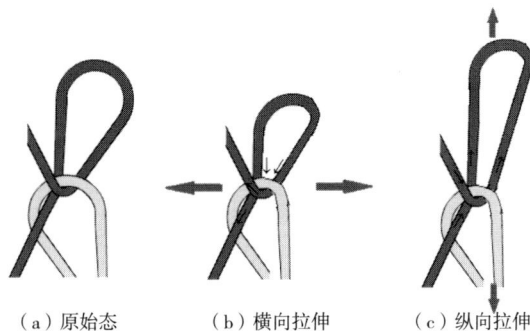

（a）原始态　　　　（b）横向拉伸　　　　（c）纵向拉伸

图 2-21　经编闭口线圈的拉伸变形

2.2.2　纬编基本组织结构的弹伸性构成

纬编的基本组织包括纬平针组织、罗纹组织、双罗纹组织和双反面组织，其组织结构特征是它们都是由单一的正面线圈和（或）反面线圈组合而成的，在此基础上的变化也相对简单，因此其弹伸性的变化规律相对容易预估。纬编基本组织中，罗纹组织及双反面组织除了线圈正常地铺展连接，还有形成的线圈纵行或横列的相互覆盖，因此其弹伸性的构成要素主要包括线圈纵行（横列）的展开、线圈部段转移、纱线受力伸长，经过对各组织结构的特征进行分析，可以将纬编各基本组织的弹伸性构成要素整理出来，如表 2-5 所示。

表 2-5　纬编基本组织的弹伸性构成要素

组织结构	横向弹伸性构成	纵向弹伸性构成
纬平针组织	线圈转移、纱线拉伸伸长	线圈转移、纱线拉伸伸长
罗纹组织	纵行伸展、线圈转移、纱线拉伸伸长	线圈转移、纱线拉伸伸长
双罗纹组织	线圈转移、纱线拉伸伸长	线圈转移、纱线拉伸伸长
双反面组织	线圈转移、纱线拉伸伸长	横列伸展、线圈转移、纱线拉伸伸长

这里以平衡状态下四种基本纬编结构的针织面为例，假定其所用的纱线相同，平衡状态下的横密和纵密相同，其尺寸为 $L \times W = 10\text{cm}^2 \times 10\text{cm}^2$，则根据上表分析的弹性的构成要素，得出其弹性伸长，如表 2-6 所示。

表2-6 四种纬编基本结构织物的弹性伸长

项目		纬平针组织	1+1罗纹组织	1+1双罗纹组织	1+1双反面组织
横向拉伸	伸展	0	$2W=2\times10=20$	0	0
	转移	$>0.5W$	$>0.5W$	$>0.5W$	$>0.5W$
	伸长	$>15cm$	$>25cm$	$>15cm$	$>15cm$
	比较		大于纬平针组织	小于纬平针组织	与纬平针组织相同
纵向拉伸	伸展	0	0	0	$2L=2\times10=20$
	转移	$>0.25L$	$>0.25L$	$>0.25L$	$>0.25L$
	伸长	$>12.5cm$	$>12.5cm$	$>12.5cm$	$>22.5cm$
	比较		与纬平针组织相同	与纬平针组织相同	大于纬平针组织

这里以1+1罗纹组织的弹伸性进行举例说明，将其在平衡状态下的织物与同尺寸纬平针织物进行对比。

1+1罗纹组织结构织物，在横向拉伸后，从平衡状态下的1个纵行伸展为2个纵行，继续受力后再进行线圈部段转移。圈柱将向圈弧转移，当转移完成后，纱线将进入拉伸伸长阶段，一般情况下纱线的受力伸长基本可忽略，此时其结构因伸长贡献出了100%的伸长。织物的拉伸曲线如图2-22所示。在纵向拉伸后，织物圈弧将向圈柱转移，当转移完成后，纱线将进入拉伸伸长阶段，拉伸曲线如图2-23所示。

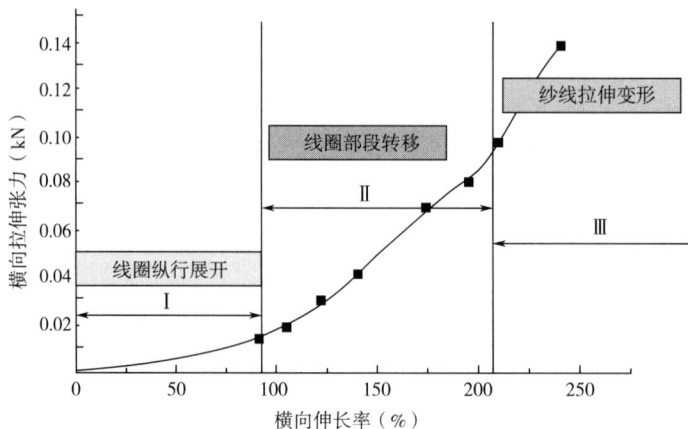

图2-22 1+1罗纹组织的横向拉伸曲线

由图2-22可以看出，织物在横向拉伸初始阶段表现出小张力、大形变，然后进入线圈转移阶段，其模量增加，此阶段完成后，织物中的纱线开始进入拉伸伸长阶段，此时表现为大张力小形变。由图2-23可以看出，织物在纵向拉伸初始阶段，直接进入线圈转移阶段，其模量增加，此阶段完成后，织物中的纱线开始进入拉伸伸长阶段，此时表现为大张力小形变。

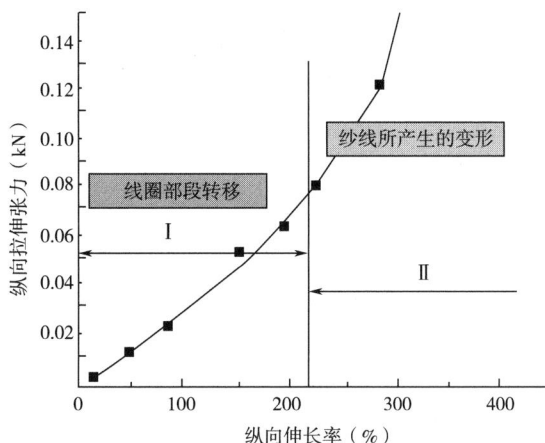

图 2-23　1+1 罗纹组织的纵向拉伸曲线

2.2.3　纬编多组织结构的弹伸性模型

纬编组织结构的应用是纬编产品开发的一种常用的手段，需要采用一些组织的变化或多种组织结构的结合抑或组合来实现织物的表面效应或功能。纬编花色针织物一般是通过三种方式形成的：①成圈过程的干预：如取消或改变某些成圈过程，如提花组织、集圈组织；②附加原料及纱线的加入：如添纱组织、毛圈组织、衬垫组织、长毛绒组织、衬纬组织等；③线圈部段的转移：可以转移针编弧、沉降弧和圈柱，如移圈组织、菠萝组织。纬编复合组织结构则是由几种不同的组织来组合或复合而形成的。所有的花色组织结构中，如何评判其弹性、延伸性、脱散性及卷边性等性能，是每个开发者都需要思考的问题，也是面临的一个难点。在这里，需要分析织物结构的构成关系，并找出其所应用的地组织结构，该组织结构将是该组织结构织物中的"遗传基因"，该花色织物将"继承"其地组织的主要特性，如弹性、延伸性、脱散性、卷边性。变化或复合结构的具体特性需视织物组织结构的复合方式来确定其特性，这里先假定构成织物的各组织结构为弹性体，其弹性及伸长符合胡克定律，由此提出基于胡克定律的织物串并联的结构模型，以便在研究和判断织物的弹伸性及其他性能时，提供分析及参考依据。

2.2.3.1　串联模型

当织物中的各种组织在横向（或纵向）以片段形式复合在一起时，该织物的组织结构可以将其认为构成串联模型，此时织物的弹伸性将会以和的形式表现弹伸性，此时可认为是两个弹性体的串联，此时该织物横向弹伸性为两个组织横向弹伸性 $L1$、$L2$ 之和，如图 2-24 所示。由珠地组织与纬平针组织横向复合而成，此时其横向弹伸性便表现为珠地组织弹伸性与纬平针组织弹伸性之和，如图 2-25 所示。

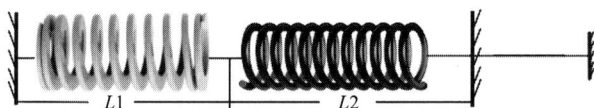

图 2-24　串联模型

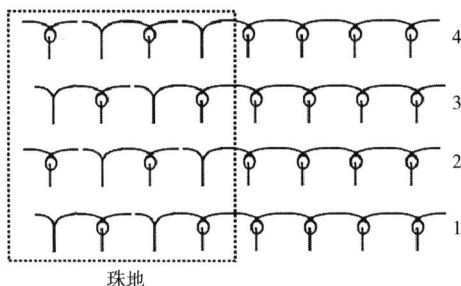

图 2-25　珠地/纬平针复合组织编织图

2.2.3.2　并联模型

当织物中的各种组织结构以片段形式或层叠的方式复合在一起时，该织物的组织结构可以将其认为构成并联模型，此时织物的弹伸性将会表现出弹伸性小的织物的弹伸性能，此时弹伸性大的组织结构不会对织物贡献出其弹伸性，如图 2-26 所示。如图 2-27 所示是纬平针织组织和珠地组织的组合结构，该织物在横向的弹伸性符合并联特征，因此可将其认定为并联模型。由于纬平针组织的横纵向弹伸性比珠地组织都要大，因此此时织物的横向弹性和延伸性表现为珠地组织的横向弹伸性。但需

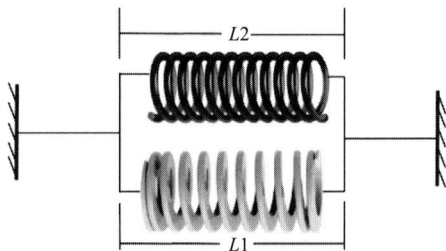

图 2-26　并联模型

注意的是，此时其纵向弹性和延伸性则表现为串联关系，纵向总弹伸性为 $L1+L2$。此时其横向弹伸性表现为两组织中弹伸性较差的弹伸性能，纵向弹伸性表现为纬平针弹伸性与珠地弹伸性之和。

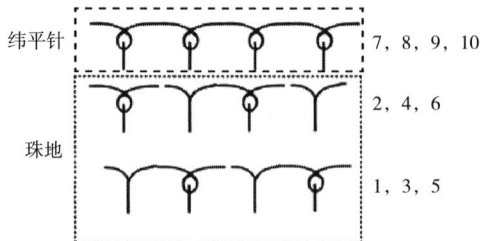

图 2-27　珠地/平针间条织物编织图

2.2.3.3 串并联模型

当织物的组织结构部分在横向（纵向）以片段形式复合，部分以层叠的方式复合在一起时，该织物的组织结构则构成串并联模型，即串联模型与并联模型的综合体，此时织物的弹伸性能将会表现为并联模型里弹伸性小的组织的弹伸性与串联模型里的组织的弹伸性之和，如图2-28所示。在横向拉伸时，组织1与组织2构成串联，其弹伸性为$L1+L2$，同时组织3与组织1、组织2又构成并联，因此该织物横向弹伸性表现为$L3$的弹伸性（设弹伸性$L3<L1+L2$）；而纵向拉伸时，织物1与织物2构成并联，此段弹伸性为$L1$（设弹伸性$L1<L2$），同时织物3与织物1、织物2构成串联，因此该织物纵向弹伸性表现为$L1+L3$。如图2-29所示的复合组织，当横向拉伸时，该面料具有浮线的单面提花组织与珠地组织、纬平针组织构成并联，因此其弹伸性能表现为浮线提花组织的弹伸性能（假设该面料中浮线提花组织弹伸性<珠地组织加纬平针组织弹伸性）；从纵向来看，该织物中浮线提花组织与珠地组织、纬平针组织构成串联，因此其弹伸性为纬平针组织与浮线提花组织弹伸性之和（假设该面料中纬平针组织弹伸性<珠地组织弹伸性）。

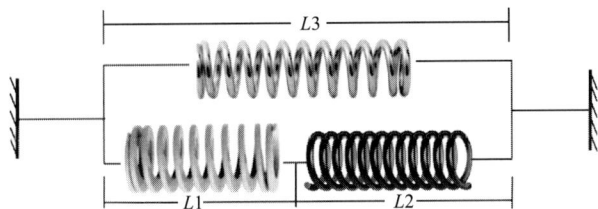

图2-28　串并联模型

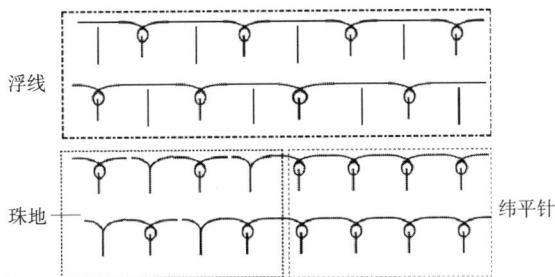

图2-29　复合组织编织图

2.2.4　纬编复合组织结构织物弹伸性模型

纬编针织物中，当需要实现不同效应或花色时，往往采用大于3种以上的组织结构，此时则需要视具体的结构种类及结合所采用组织的弹伸特性来分析，不论采用多少结构及何种结构，都可以按照上述模型来对织物的弹伸性进行分析，进而对其弹伸性进行预判。以下以两种织物为例，通过对织物的横纵向弹伸性进行分析来进一步佐证弹伸性模型在纬编复合组织结构织物中的应用。如图 2-30 中所示的单面方格织物效应织物是由提花（浮线）组织、纬平针组织、集圈组织构成。

图 2-30　单面方格织物效应织物

横向拉伸时，纬平针与集圈构成先构成串联关系，此部分的横向弹伸性能为纬平针弹伸性与集圈弹伸性之和，然后提花组织再与纬平针组织、集圈组织构成并联模型，因此该织物在横向上的弹伸性能表现为提花组织的弹伸性能，该织物横向弹伸性模型如图 2-31 所示。

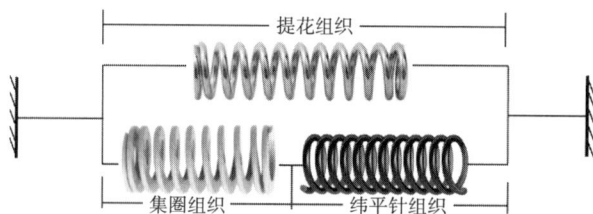

图 2-31　单面方格织物横向弹伸性模型

纵向拉伸时，纬平针组织与集圈组织先构成并联关系，此部分纵向弹伸性能表现为集圈组织的弹伸性（假设该织物中集圈组织弹伸性<纬平针组织弹伸性），然后提花组织与纬平针组织、集圈组织构成串联模型，因此该织物弹伸性能表现为浮线组织弹伸性与集圈组织弹伸性之和，该织物纵向弹伸性模型如图 2-32 所示。

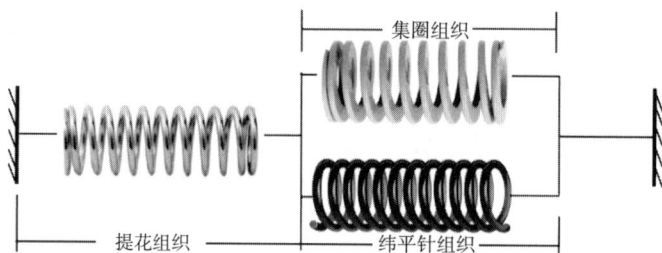

图 2-32　单面方格织物纵向弹伸性模型

如图 2-33 所示的织物为单面珠地与平针组合而形成的横条织物，它由单面珠地与纬平针沿纵向组合而成。横向拉伸时，该织物的横向弹伸性能可看作单面珠地与纬平针构成的并联关系，因此该织物的弹伸性能表现为纬平针组织的弹伸性能（假设该织物中纬平针组织弹伸性<单面珠地组织弹伸性），该织物横向弹伸性模型如图 2-34 所示。

图 2-33　单面珠地/平针横条织物

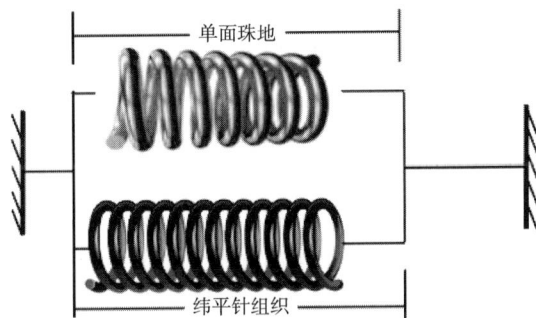

图 2-34　单面珠地横条织物横向弹伸性模型

纵向拉伸时，该织物的纵向弹伸性能可看作单面珠地与纬平针构成的串联关系，因此该织物的弹伸性能表现为纬平针组织弹伸性与单面珠地组织弹伸性之和。该织物纵向弹伸性模型如图 2-35 所示。

图 2-35　单面珠地横条织物纵向弹伸性模型

2.2.5　经编组织结构织物弹伸性模型

经编单梳基本组织包括编链组织、经平组织、经缎组织、重经组织和罗纹经平组织，其组织结构特征是它们都是前面所述的 10 种经编线圈简单组织而成的；因此其弹伸性的变化规律相对容易预估，其弹伸性的构成要素主要包括纱线受力伸长、线圈部段转移、线圈纵行（横列）的展开，经编基本组织的弹伸性构成要素如表 2-7 所示。

表 2-7　经编基本组织的弹伸性构成要素

组织结构	横向弹伸性构成	纵向弹伸性构成
编链组织	无	线圈转移、纱线拉伸伸长
经平组织	线圈转移、纱线拉伸伸长	线圈转移、纱线拉伸伸长
经缎组织	线圈转移、纱线拉伸伸长	线圈转移、纱线拉伸伸长
重经组织	线圈转移、纱线拉伸伸长	线圈转移、纱线拉伸伸长
罗纹经平组织	纵行伸展、线圈转移、纱线拉伸伸长	线圈转移、纱线拉伸伸长

经编织物的力学性能除了与组织结构密切相关，还与梳栉数、穿纱率、对纱等相关，因此其力学性能的分析会显得比较复杂，但不论多么复杂的经编织物结构，仍然以串并联模型来分析其力学性能，其中最主要的就是织物的弹性及延伸性。

如图 2-36 所示的是经绒平织物的组织结构图和织物图片，双梳经绒平织物是由经平组织和经绒组织复合而成的，可以认为是两种组织结构的层合，这种层合结构不论是在横向拉伸还是在纵向拉伸，都符合并联模型特征，因此该织物的总体弹伸性都取决于纵横向弹伸性较小的组织。由于经平组织的横向弹伸性大于经绒组织，而经绒组织的纵向弹伸性大于经平组织，因此横向拉伸时，该织物的弹伸性取决于经绒组织，而纵向拉伸时，其弹伸性则取决于经平组织，如图 2-37 所示。

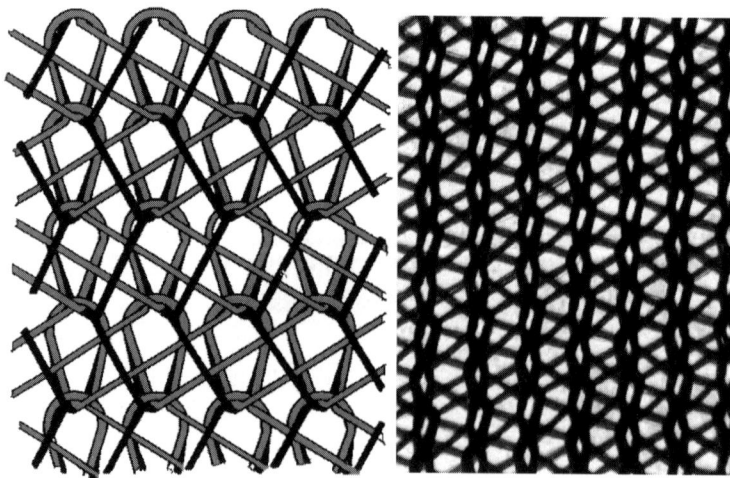

图 2-36　经绒平织物及线圈结构图

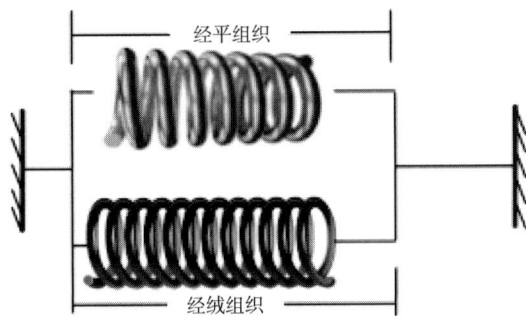

图 2-37 经绒平织物弹伸性模型

基于多组织结构的运动服装的弹伸性分析及运用

　　运动服装是人们在进行体育运动时的首选穿着，运动时的人体会以出汗的形式散发热量来维持人体的生理平衡。运动服装与普通家居及休闲服装不同，在满足穿着舒适的同时，还需要保证其良好的透气透湿性、散热性能、弹性以及延伸性等一系列性能。随着运动门类的不断细分，适应各门类运动的服装也不断被开发出来。然而，市面上大多数运动服装的组织结构都相对单调，对运动门类的匹配度不高，也不符合消费者对服装的审美需求。而单一的组织结构也并不能实现如今市场对运动服装多样化的功能要求。因此，采用多组织结构的运动服装设计，不仅可根据设计师的妙思使服装具有独特风格，也可同时实现运动服装的多种功能性需求，同时可以最大限度地满足人体各部位的特征需要。

　　当运动量较大或处于炎热环境时，人体皮肤表面产生大量液态汗水，通过面料吸收汗液经对流、蒸发等方式将汗液向空气中传递出去。当人体出汗过多时，汗液会保留在面料之上，形成使面料向下拉伸的重量，致使服装产生一定的纵向伸长。多组织结构的运动服装在受到纵向拉力时，整体的伸长量会由于部分易伸长的组织而增加，其增加量与易伸长组织在面料纵向的组织占比呈正相关。同时，在汗液的重力作用下，多组织结构运动服装面料因受力不均而出现小幅度的变形，不同组织的交接处也有可能出现线圈变形，从而使服装整体变得不再美观。

　　对于面料汗湿后下坠的问题，目前研究主要着重在新型纤维材料的开发应用、织物结构设计、后整理技术等方面。吕治家等采用丙纶为里层，结构为平面状，采用细旦涤纶长丝为表层，结构为网眼开发出了具有较好单向导湿、排汗、透气等功能的双面面料，而丙纶是一种吸湿回潮为 0% 的纤维材料，减少了汗液在织物中的保有量，从而可以减少织物因汗液累织所产生的变形。陈水清采用 Coolmax 长丝和高支苎麻纱在双面圆形纬编机上开发出具有较好导湿快干、凉爽舒适等功能的双面针织面料。陈晴等人发现选用较细的氨纶和恰当线密度的锦纶为原料织造的四梳栉经编锦氨弹力网眼面料不仅具有良好的纵横向延伸性，还具有较好的吸湿透湿等热湿舒适性能。有学者研究了两层与三层层合针织面料的导湿性。研究结果表明，层合针织面料的单向传递指数和液态水动态传递指数达到了4~5级，梯度单向导湿性能明显，且两层层合针织面料的透气性要好于三层层合针织面料。使用不同的整理剂对织物进行后整理也可以开发出具有不同功能的针织运动服装。例如，使用柔软整理剂（如改性有机硅柔软剂）、吸湿速干整理剂等可以赋予织物柔软、导湿快干等舒适性。

服装汗湿下坠现象是指人体在运动过程中，不断产生汗液，汗液被服装吸收，使累积在服装上的汗液重量也不断增加，从而形成了对服装的向下拉伸力，加上人体运动过程中的动态振动性，使得服装也随之产生瞬时的张力，从而使服装的尺寸在纵向变长。服装的这种形态上的变化其实就是织物力学性能的变化，其本质原因就是织物在汗液重力下产生的拉伸变形。服装在使用过程中，会产生缩水，这种缩水往往是加工过程中，织物的内应力没有得到完全释放，在穿着水洗后，内应力得到释放，从而形成缩水，如何控制织物的缩水率在国家标准规定的范围内，面料生产企业已经有很好的解决方案。随着人们健康意识的提升，运动作为一种积极的健康方式，受到了人们的重视，参与各项运动的人数也在不断增加，路跑运动作为一种低技术门槛、不受年龄限制等优势受到人们的热捧。田径协会《2019年中国马拉松蓝皮书》指出，2019年中国共有1828场马拉松赛事，共有712.56万人参赛，这只是其中被抽签抽中的参赛人员，而全国经常跑步的人数在6000万左右，由此可见路跑服装巨大的市场容量及潜在的经济、开发价值，舒适性和服用性能良好的路跑服装也会助力这项运动，给运动者带来健康保护。路跑服装有别于其他的运动服装，要求轻质、吸湿透气，但高强度的运动带来的是跑者的高出汗量，会使服装在汗液及人体运动的共同作用下，发生服装的大形变，会影响到路跑者的心情及运动发挥，进而影响到其比赛成绩。因此，在设计开发路跑服装时，需要结合人体各部位放热、出汗的特征，开发出适合路跑的服装，要使服装与人体在各部位热湿散发上匹配，就需要使服装的各部分具有性能上的差异，组织结构的运用是最有效的途径。将多种组织结构运用到织物上，现在的针织机完全能够满足要求，可以在一件运动服装上织出多重结构。但多种组织结构组合到服装上，由于各组织的力学性能存在差异，其力学性能，尤其是其弹伸性存在差异，使得成形后的服装的弹性及延伸性具有不可知性，如何对多组织结构服装的力学性能进行预知和预判是设计开发人员面临的难题和挑战，也是生产企业的痛点。这里将结合实际的开发案例，对多组织结构服装中的弹伸性进行分析，将复杂的结构变成简单的模型来对其弹性和延伸性进行预测，将其应用于设计与开发，设计开发出符合运动特征、提升运动能效的舒适且美观的路跑服装。

2.3.1 多组织结构针织服装的试制及弹伸性分析

2.3.1.1 多组织结构织物试制及弹伸性分析

在开发路跑服装时，要求服装面料的性能上有较好的弹性和延伸性，保证人体运动时的服装跟随且不约束人体运动，同时在服装的重量上尽可能轻质，功能上则要求能吸湿、透气、快干、抗紫外线等。基于上述思考，在材料的选取上，高导湿、低保水率的材料才是合适的用材，面料结构上则要求具有较好透气性的针织结构。

路跑服装面料可选择的结构较多，如纬平针组织、提花组织、集圈组织、添纱组织及复合组织等，而架空添纱结构则是一种较适合路跑运动服装面料的组织结构，如图 2-38 所示。这种结构的特点是其中一种纱线作为地纱全部编织纬平针地组织，通常采用强力较好的纱线，用于形成织物的骨架，起到贡献强力的作用，另一种纱线则为添纱局部编织成圈覆盖在地纱线圈上，其他不成圈的部分则以浮线显现在织物的反面，其优点就是不仅可以通过添纱的局部成圈形成花纹，而且织物中只有单线圈的地方则形成网眼效应，可使织物的透气性更好，也有利于人体热量和汗液的散发。

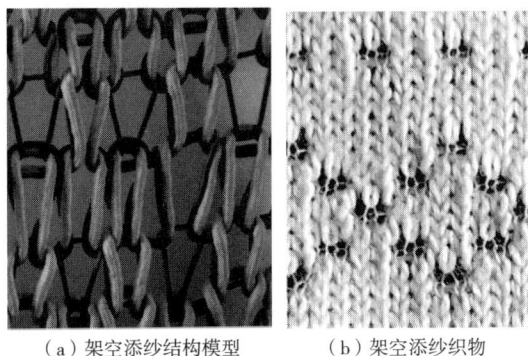

（a）架空添纱结构模型　　　　（b）架空添纱织物

图 2-38　架空添纱结构模型及织物

由于涤纶纤维具有低保水性，且强力较好，通过改性可以使其具有良好的导湿性，而锦纶则具有很好的强力，有较好的吸湿性，且两种纤维都可以通过变形加工，使其具有良好的弹性，因此选择两种原料作为开发路跑服装的原料。分别选用 2.33tex 的涤纶和 2.33tex 锦纶，根据人体工学及人体出汗图谱，设计了 9 种架空添纱花型。在全成型针织机上编织出筒状织物，再经过简单的裁剪和整理后形成服装，一件服装的重量约为 80g。现对服装后片各组织进行纵向弹伸性测试，由于该服装的各组织均沿中心对称，在此以服装后片的一半来进行分析，后片各组织分布如图 2-39 所示。由于路跑时所产生的汗液是在纵向向下传递的，所产生的变形也主要在纵向，因此在这里只对织物的纵向变形进行探讨。在各组织区域纵向取 5 cm 长，对各组织施加纵向拉力，测试并比较各组织在极限拉伸状态下的纵向伸长量，纵向伸长状态如图 2-40 所示，各组织极限

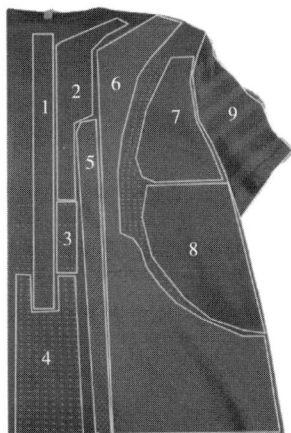

图 2-39　原始测试版服装后片各组织分布图

状态下的纵向伸长量见表2-8。

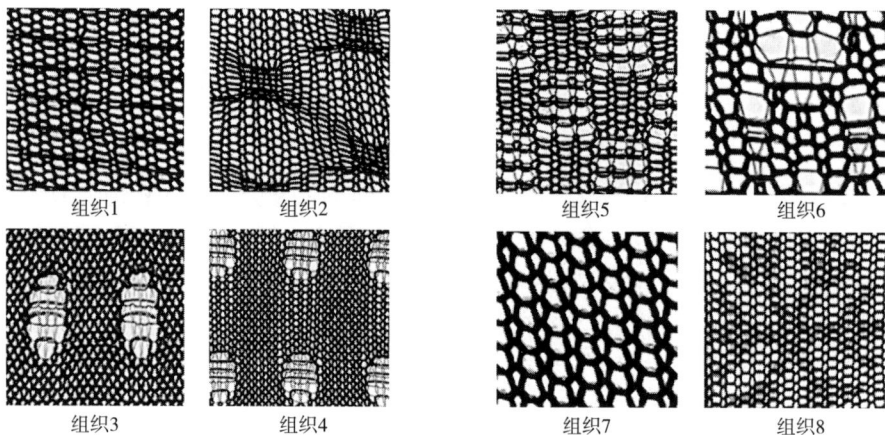

图2-40　极限状态下各组织拉伸后织物形态

表2-8　各组织极限拉伸状态下的伸长量

组织	拉伸后长度（cm）	组织	拉伸后长度（cm）	组织	拉伸后长度（cm）
组织1	10.1	组织4	11.2	组织7	10.2
组织2	9.6	组织5	10.6	组织8	11.3
组织3	11.5	组织6	12		

由于不同形态的线圈的弹伸性不同，在下坠过程中线圈受到纵向拉力导致形变，所贡献的伸长量也不同。由图2-40和表2-8可知，组织结构2中有跨过5个线圈横列高度的长线圈，这些长线圈在拉伸过程中，可转移的纱线很少，因而其拉伸后伸长量最小，而组织结构7中，添纱线圈和地组织线圈都产生了覆盖，是全部添纱结构，在纵向拉伸过程中，所有的线圈都贡献出了同样的拉伸伸长，因而其拉伸后伸长最大。在获得各组织结构的伸长后，如何获得服装整体的变形伸长，就需要对各组织结构的区域分布进行梳理，再找出其特征及规律。在此将服装从上至下分成五大区域，区域划分如图2-41所示，然后根据各区域内组织结构的关系特征，分析其符合串并联中的哪种关系，可模拟出该服装后片的弹伸性模型，并根据各组织弹性及弹伸性模型计算出最终的最大拉伸长度，即为各区域所贡献的伸长量之和。

根据图2-41划分的区域，即可推断出一个综合的纵向弹伸性模型，首先可将服装后片分为如下几

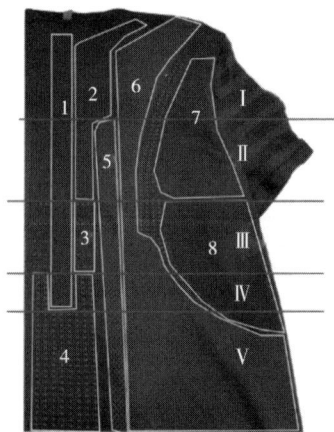

图2-41　原始测试版服装后片分区图

大版块及其串并联关系：

区域Ⅰ：组织1、2、6、4、7并联；

区域Ⅱ：组织1、2、5、6、4、7并联；

区域Ⅲ：组织1、3、5、6、4、8并联；

区域Ⅳ：组织1、4、5、6、8并联；

区域Ⅴ：组织4、5、6并联，同时这些区域在纵向上构成串联关系，各区域纵向弹伸性并联模型如图2-42所示。

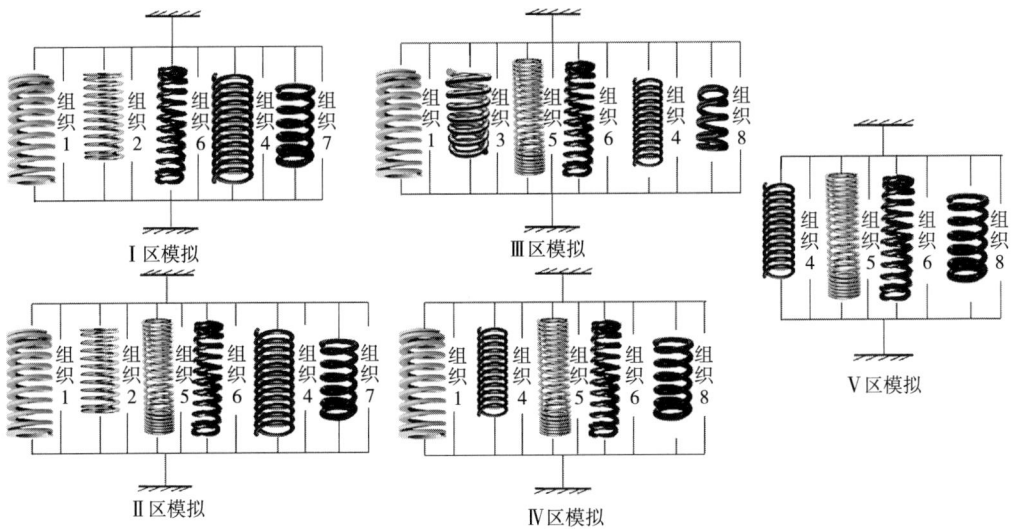

图2-42 原始测试版各区域纵向弹伸性模型

根据针织物并联模型中弹伸性表现为弹伸性最小的组织弹伸性，而串联模型中弹伸性表现为各组织弹伸性之和，因此可根据上文中测出的各组织弹伸性并结合其弹伸性模型预测出服装后片的极限拉伸长度及伸长贡献率，见表2-9。

表2-9 服装后片极限拉伸长度预测

区域	纵向原长	预测伸长量（cm）								预测最终伸长	伸长贡献率（%）
		组织1	组织2	组织3	组织4	组织5	组织6	组织7	组织8		
Ⅰ	16.5	16.8	15.18				21.45	17.16		15.18	24.4
Ⅱ	8.8	8.97	8.09		10.91	9.85	12.32	9.15		8.09	13.1
Ⅲ	10.5	10.7		13.65	13.02	11.76	14.7		13.23	10.71	17.2
Ⅳ	4.5	4.59			5.58	5.04	6.3		5.67	4.59	7.4
Ⅴ	21				26.04	23.52	29.4			23.52	37.9

可得出最终预测伸长量为 62.09cm，同时，从表 2-9 中可以看出，服装后片中伸长贡献比最高的是区域Ⅴ，汗液也会流向并集中在这个区域，它最后会承载主要的汗液，其伸长也会得到最大化的释放，如果减少了该区域的伸长量，服装整体汗湿下坠量就会减少，因此，需要将组织改进的重点放在区域Ⅴ，即在该部分纵向采用弹伸性小的组织从而拉低整体的弹伸性。

2.3.1.2　测试数据分析及讨论

为测试服装在人体着装并进行路跑时，因产生汗液而产生的服装纵向伸长量，采用模拟运动环境和产生汗液，实验环境及材料见表 2-10，在该环境下每隔 20min 向服装后片喷洒仿汗液溶液 100mL 并测量记录服装长度与状态，共喷洒 900mL 仿汗液溶液，喷洒前后服装状态如图 2-43 所示。

表 2-10　实验环境及材料

实验环境及材料	参数
温度	16℃
相对湿度	44%
仿汗液溶液	900mL
软尺	1
小喷壶	1

人体在运动过程中，由于各部位分泌的汗液量都不同，导致各部位所受到的纵向拉力也不同，伸长量自然也不同。因此，应当遵循人体排汗规律对服装后片进行汗液喷洒，即先喷后背上方肩胛骨两侧，再喷背中及臀部上半部分，最后喷其他部位。同时，在对服装后片改进时也应考虑到人体运动过程各部位排汗量的差异。

由图 2-43 可知，喷洒仿汗液溶液后服装整体纵向长度变长、整体形变，具体表现为下摆有仿汗液溶液聚集，使下摆呈现为圆弧形。根据测量可得均匀喷水最终伸

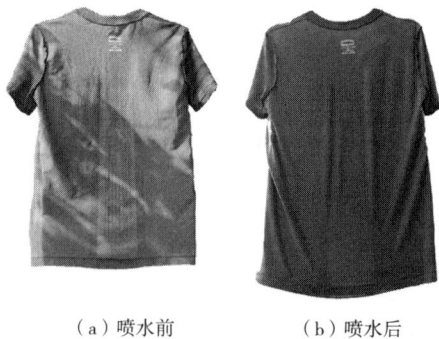

（a）喷水前　　　　（b）喷水后

图 2-43　原始测试版服装后片喷洒前后状态

长量为 3.6cm，定量喷水瞬时下坠量为 0.5~1.5cm，服装后片长度随喷水量变化可见图 2-44。这个形变比较大，为减少这种形变，需要采用伸长率相对小的组织结构。因此，应将服装改造重点着眼于后片下半部分，防止服装下摆在汗液积聚时线圈被大幅度拉长从而出现圆弧形。

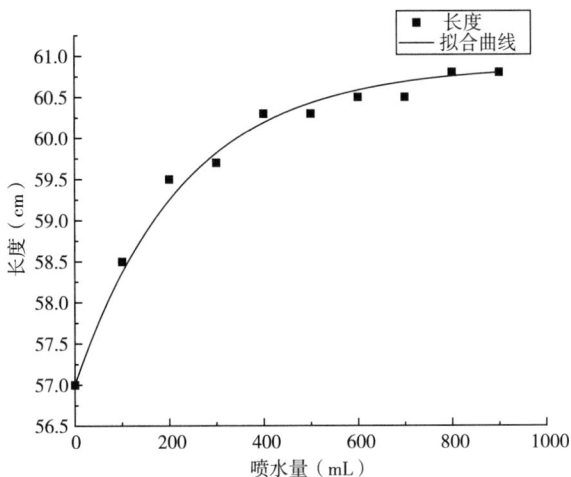

图 2-44　原始测试版服装后片长度随喷水量变化曲线

2.3.2　多组织结构的应用

经测试及模型分析可以看出，原始测试版服装的汗湿下坠量比较大，运动时会引起较大的服装形变，因此需要在原始测试版的基础上进行改进和调整，目标就是在保证织物有较好的弹伸性的基础上，减少服装吸湿后的下坠量，需要结合国家标准及使用环境和场景，使其处于一个可接受的范围。

根据上述分析，要想有效减少服装后片吸湿后的下坠量，需要进行组织结构重组，将弹伸性较小的组织应用于大出汗量的区域，再结合各结构呈现给服装的外观效果，提出了两个改进方案，并对两个方案下的汗湿下坠量进行了测试分析。

2.3.2.1　改进方案一

根据人体各部位的排汗特征及实验可知，汗液重点区域以及汗液聚集处为后片中部，因此，在改进中可将重点放在后片中部。修改方案如图 2-45 所示，区域 1组织修改为组织 $C1$、区域 2 组织修改为组织 $C2$、区域 3组织修改为组织 $C3$、区域 4 组织修改为组织 $C4$，修改组织的 5cm 极限拉伸长度见表 2-11。

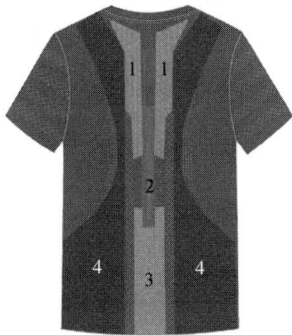

图 2-45　改进方案一模拟图

表 2-11　修改组织 5cm 极限拉伸长度

组织	拉伸后长度（cm）	组织	拉伸后长度（cm）
$C1$	7.25	$C3$	8
$C2$	7.5	$C4$	9

对方案一服装从上至下分为五个区域后即可画出每个区域的纵向弹伸性并联模型，同时这五个区域又可构成串联模型，从而可估算出方案一服装整体的弹伸性。方案一服装分区如图2-46所示，各区域并联模型如图2-47所示。

画出各区域的并联模型后，根据各区域各组织的弹伸性，可推断出区域Ⅰ纵向弹伸性表现为$C1$组织、区域Ⅱ纵向弹伸性表现为$C1$组织弹伸性、区域Ⅲ组织弹伸性表现为$C2$组织弹伸性、区域Ⅳ纵向弹伸性表现为$C2$组织弹伸性、区域Ⅴ纵向弹伸性表现为$C3$组织弹伸性。由于这五个区域构成串联关系，

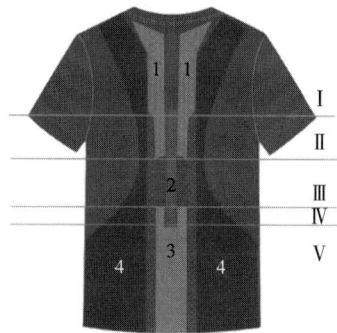

图2-46 改进方案一服装结构分区

因此方案一服装整体弹伸性表现为这五个区域弹伸性之和。改进后最大伸长量为30.75cm，与原伸长量相比，减小了约50.5%。各区域及整体最大伸长量及原始测试版相比减小的伸长见表2-12。

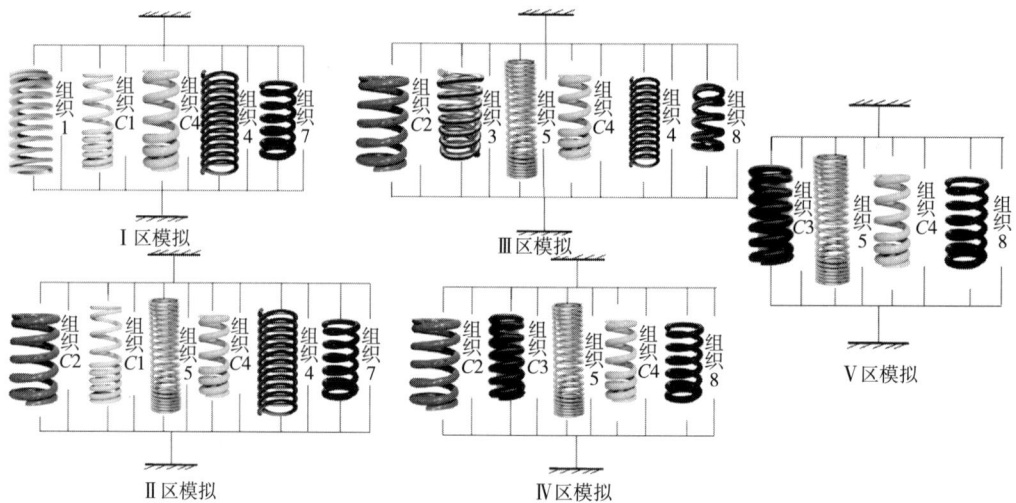

图2-47 改进方案一各区域弹伸性模型

表2-12 各区域及整体最大伸长量　　　　　　单位：cm

并联线路	纵向原长	原最大伸长	改进后最大伸长
Ⅰ	16.5	15.18	6.83
Ⅱ	8.8	8.09	3.96
Ⅲ	10.5	10.71	5.35
Ⅳ	4.5	4.59	2.25
Ⅴ	21	23.52	12
合计	61.3	62.09	30.39

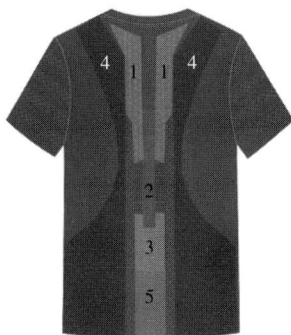

图 2-48 改进方案二模拟图

2.3.2.2 改进方案二

方案一思路与方案二大致相同，在改进中将重点放在后片中部。修改方案如图 2-48 所示，区域 1 组织修改为组织 $C1$、区域 2 组织修改为组织 $D2$、区域 3 组织修改为组织 $C3$、区域 4 组织修改为组织 $C4$、区域 5 组织修改为组织 $D5$，修改组织的 5cm 极限拉伸长度见表 2-13。

表 2-13　方案二修改组织 5cm 最大伸长量

组织	拉伸后长度（cm）	组织	拉伸后长度（cm）
$C1$	7.25	$C3$	8
$D2$	9.6	$C4$	9
		$D5$	10

对方案二服装从上至下分为六个区域后即可画出每个区域的纵向弹伸性并联模型，同时这六个区域又可构成串联模型，从而可估算出方案二服装整体的弹伸性。方案二服装分区如图 2-49 所示，各区域并联模型如图 2-50 所示。

画出各区域的并联模型后，根据各区域各组织弹伸性，可推断出区域 I 纵向弹伸性表现为 $C1$ 组织、区域 II 纵向弹伸性表现为 $C1$ 组织弹伸性、区域 III 组织弹伸性表现为 $D4$ 组织弹伸性、区域 IV 纵向弹伸性表现为 $C3$ 组织弹伸性、区域 V 纵向弹伸性表现为 $C3$

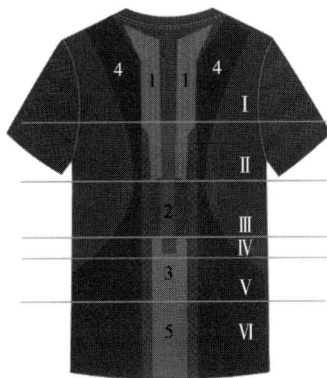

图 2-49　改进方案二服装
结构分区

组织弹伸性、区域 VI 纵向弹伸性表现为 $D4$ 组织弹伸性。由于这六个区域构成串联关系，因此方案二服装整体弹伸性表现为这五个区域弹伸性之和。改进后最大伸长量为 30.75cm，与原伸长量相比，减小了约 32.4%。各区域及整体最大伸长量及与原始测试版相比减小的伸长见表 2-14。

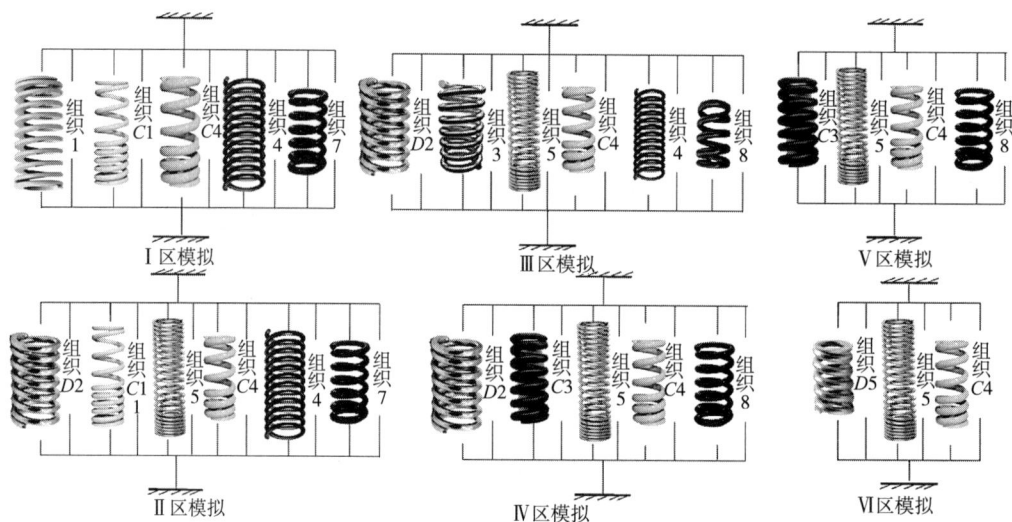

图 2-50　改进方案二各区域弹伸性模型

表 2-14　各区域及整体最大伸长量　　　　　　　　单位：cm

并联线路	纵向原长	原最大伸长	改进后最大伸长
Ⅰ	16.5	15.18	6.83
Ⅱ	8.8	8.09	3.96
Ⅲ	10.5	10.71	9
Ⅳ	4.5	4.59	2.25
Ⅴ	11	11.76	10.5
Ⅵ	10	11.76	9.5
合计	61.3	62.09	42

2.3.2.3　测试及数据分析

为验证基于模型预测的伸长量的可行性及预测误差，将对动态出汗情况下的服装伸长进行实测，然后进行数据的对比。测试时，参考路跑运动的出汗量，每隔 15min 向方案一服装、方案二服装、原版服装后片喷洒仿汗液溶液，喷洒四次、分别喷洒80g、120g、120g、120g，测量记录服装长度与状态，共喷洒 440g 仿汗液溶液，喷洒过程中各服装的状态如图 2-51～图 2-53 所示。

由图片可看出，初版喷水 80g 后筒布出现明显的伸长，且从喷水 320g 后下摆开始出现弧形现象；喷水 80g 后方案一筒布未出现伸长，从喷水 200g 后开始伸长，且后续喷水后小幅度伸长，下摆并未因吸水出现弧形。喷水 80g 后方案二筒布开始出现小幅度伸长，但后续喷水后伸长幅度并不大，同时下摆并未因吸水出现弧形，比原始测试版筒布更为平整，三种筒布随喷水量增加伸长量的变化如图 2-54 所示。

图 2-51　改进方案一筒布喷水后的形态

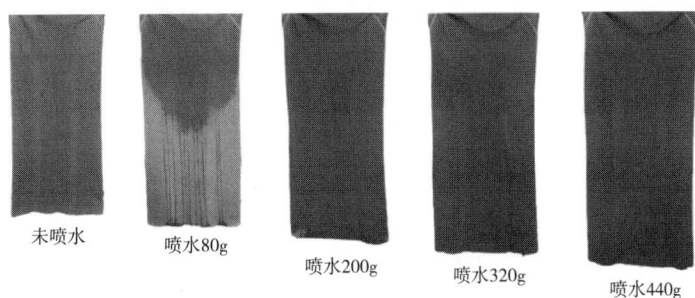

图 2-52　改进方案二筒布喷水后的形态

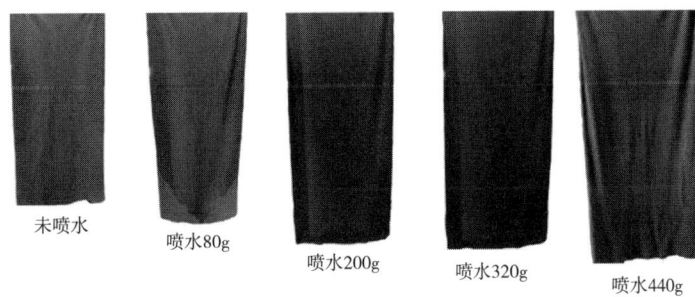

图 2-53　原始测试版喷水后的形态

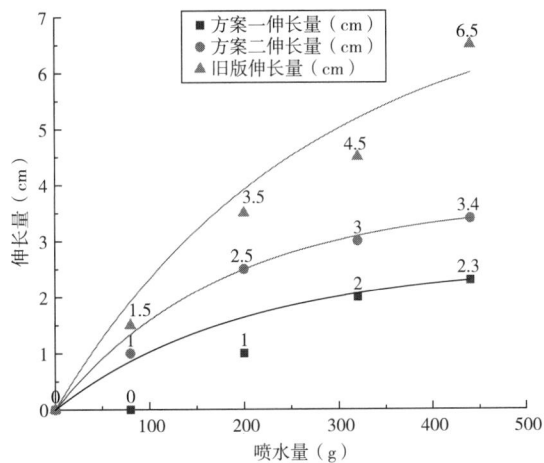

图 2-54　各筒布喷水量—伸长量曲线图

相较于原始测试版服装，方案一伸长量减少了 4.2cm，减少量占比 64.6%；方案二伸长量减少 3.1cm，即 47.7%，此结构与基于模型的分析结果基本吻合，说明模型的可操作性与实用性，因此可以运用弹伸性模型来对服装的延伸性进行预测。基于减少变形和美观综合评价，就汗湿下坠量而言，方案一更优，但方案二的美观程度与平整度更好。

总体来说，针对复杂纬编针织结构的织物提出了弹伸性的简化模型，来预测织物纵向的弹伸性，预估了织物在极限状态下的纵向伸长量。根据纬编针织物的弹伸性模型对织物的纵向下坠问题进行了理论上的分析，并提出了两个解决方案，同时预测了两种方案改进后的下坠量。解决方案中方案一虽然更好地解决了汗湿下坠问题，但在实际效果中出现了下摆褶皱等视觉效果上的问题仍待解决。

第 3 章

纬编弹性针织织物的结构与力学性质分析

针织物是由基本的线圈相互串套而成的，针织物的线圈是一空间几何结构，针织物的结构参数对其服用性能会产生实质性的影响，关于针织物的结构参数对织物热湿舒适性影响的研究很多，已得出了良好的结果，而对压迫舒适性的影响研究则是目前研究的一个热点问题，日本学者在这方面的研究较为活跃。所有的这些研究中，对于针织物的结构参数对压迫舒适性所产生的影响还涉及很少，尤其是关于弹性针织物的结构方面的研究还不够。本章将对于纬编针织物结构参数进行测试并对其参数的相关性进行分析与探讨，以期找出面料的相关规律与特点，并建立适合纬编弹性针织物的结构模型，基于织物相关参数的测试来验证现有使用的模型与本模型进行相关的比较与分析。在对纬编针织面料进行力学性能测试与研究的基础上，探讨结构与力学的相关性。

3.1　纬编弹性针织物的结构特征与建模

纬编针织物是针织物中使用最多的品种，纬编针织物是以线圈在纬向相互串套来形成织物的，其基本单元为线圈，线圈则是由针编弧、圈柱和沉降弧构成的。由于其特有的线圈构形，各线圈部段在不同方向受力后会产生相互转移，从而使纬编针织物本身会具有良好的弹性及弹性回复性能。纬编针织物的结构如图 3-1 所示，在受到横向及纵向拉力后，线圈的变形如图 3-2 所示。

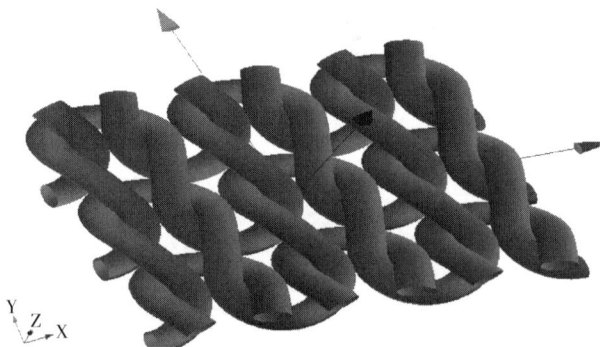

图 3-1　纬编针织物的线圈三维结构图

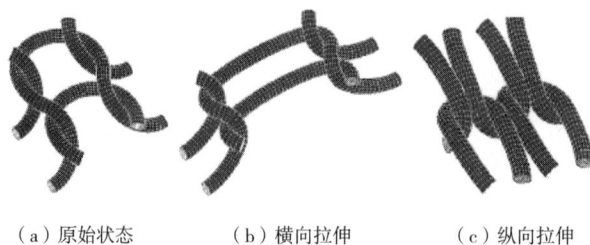

（a）原始状态　　　　（b）横向拉伸　　　　（c）纵向拉伸

图 3-2　纬编针织物横向及纵向拉伸变形

纬编针织物本身具有良好的弹性及延伸性，为更进一步提升织物的弹性及延伸性，通过加入弹性更好的纤维与主体材料一起编织而形成弹性针织物。如只要加入少许氨纶（2%~5%），就足以改善织物的相关性能，使织物的档次大为提高，体现出柔软、美观、高雅的风格，并使织物表现出更好的弹性及延伸性，能够更好地适应人体活动的运动及功能需求。纬编弹性针织物通常是在采用与主体纱一起双线喂入编织而形成的，形成的织物主体纱显露在针织物的正面，而氨纶弹力纱则显露地织物的反面，如图 3-3 所示。氨纶弹性针织物是一种受到外力能产生较大伸长，外力去除后能较快恢复到原状的针织物。在相同的组织结构下衬入弹力纱氨纶，能使织物纬编针织物衬入氨纶纱以后，使原本比较松弛的线圈结构因弹性纤维在线圈中呈现受力状态，使弹性纤维产生一定的拉伸伸长，这就使线圈的局部变形加剧，从而使面纱（如棉纱）线圈重整，织物整体变得非常紧密。为保证织物的细腻和弹性，氨纶丝喂入的实际长度要比面纱小很多，这样就使氨纶弹力丝线圈的各部段都处于受拉伸直状态，而面纱线圈则受到压缩而处于非平衡松弛状态，如图 3-4 所示。

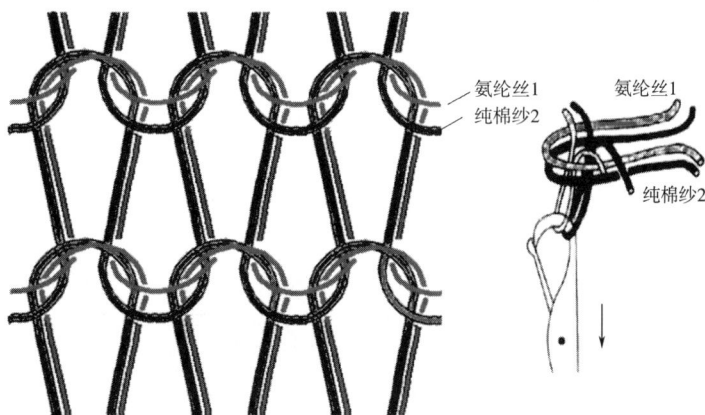

图 3-3　纬编弹性针织物的编织状态及纱线显露示意图

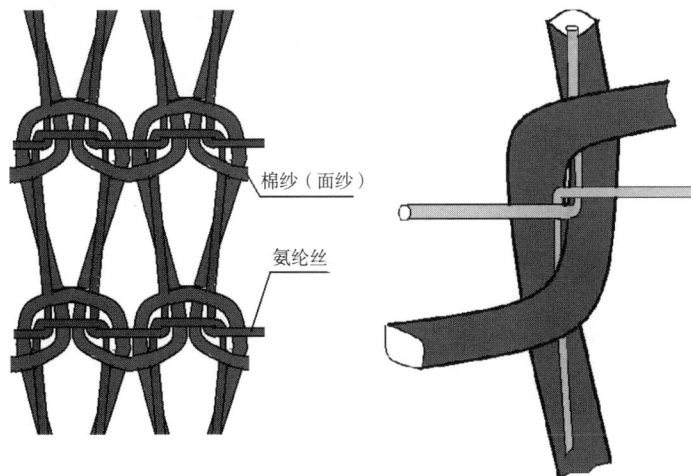

图 3-4　纬编弹性针织物结构示意图

3.2.1 纬编弹性针织物的结构特征

针织物的结构参数包括线圈长度、密度、平方米克重。利用脱拆散法测试针织物的线圈长度，数 100 个线圈，做好标记，在线圈长度测试仪上实测 100 个线圈长度的数值，并除以 100 即得到每个线圈长度 L 的值（单位：mm）。在织物的五个不同部位，分别用织物密度镜测试沿织物横向 5cm 内的线圈数 P_a 和沿织物纵向 5cm 内的线圈数 P_b。利用圆盘切割仪分别在织物上截取织物，再烘干并称重，得到织物的平方米克重。将拆散的纱线在热蒸汽下使其平直，再选择使用 XSP-18A 生物显微镜来测量纱线直径，所有参数的测量值为 10 组再取平均值。纯棉纬平针织物及棉/氨纶平针织物图片如图 3-5 所示，选择不同纱线号数的 10 种纯棉纬平针面料，分别就密度、克重、线圈长度和纱线直径进行了测试，并计算出了密度对比系数，结构参数见表 3-1。再选取了8 种含氨棉针织面料，同样对其结构参数进行了测量，测量结果见表 3-2。

图 3-5 纬平针织物及弹性纬平针织物

表 3-1 纯棉平针面料的结构参数

面料	棉纱号数 （tex）	棉纱直径 （mm）	克重 （g/m²）	线圈长度 （mm）	P_a （个/cm）	P_b （个/cm）	P_a/P_b
1	14.58	0.15	110	2.40	17.23	18.25	0.94
2	16.19	0.16	130	2.45	18.03	18.18	0.99
3	19.43	0.18	140	2.70	15.40	17.33	0.89

面料	棉纱号数 （tex）	棉纱直径 （mm）	克重 （g/m²）	线圈长度 （mm）	P_a （个/cm）	P_b （个/cm）	P_a/P_b
4	19.43	0.18	140	2.75	15.40	17.02	0.90
5	19.43	0.18	150	2.60	16.27	18.24	0.89
6	19.43	0.18	150	2.55	16.27	18.24	0.87
7	22.42	0.19	150	2.85	14.40	16.30	0.88
8	22.42	0.19	160	2.70	15.02	17.59	0.85
9	29.15	0.21	180	3.20	12.78	15.12	0.84
10	29.15	0.21	185	3.15	12.99	15.51	0.84
平均							0.89

表3-2　含氨棉针织面料的结构参数

面料	棉纱号数 （tex）	氨纶号数 （tex）	克重 （g/m²）	棉线圈 长度 （mm）	氨纶线圈 长度 （mm）	氨纶含量 （%）	P_a （个/cm）	P_b （个/cm）	密度对比 系数 P_a/P_b
A	14.58	4.44	160	3.10	1.10	9.76	17.04	18.75	0.91
B	14.58	4.44	180	2.90	1.10	10.37	16.24	23.5	0.69
C	14.58	4.44	180	2.90	1.15	10.79	17.23	22.05	0.78
D	14.58	3.33	160	2.90	1.20	8.65	17.23	20.07	0.86
E	14.58	3.33	185	2.90	1.10	7.98	17.32	23.25	0.75
F	14.58	2.22	170	2.75	1.00	5.25	17.04	23.59	0.72
G	16.19	2.22	160	2.95	1.05	4.59	16.50	20.05	0.84
H	19.43	2.22	170	2.85	1.00	3.64	14.88	17.81	0.82
平均									0.80

　　纬编针织物的线圈串套结构使其线圈具备典型的三维特征，弹性纤维在线圈中并没有显现无应力状态，而是呈现出有一定的拉伸伸长状态，这就使线圈的局部变形加剧，主要表现在使线圈的圈柱更加弯曲，这主要表现在面料的纵向密度增加。现将表中相同细度的纱线的织物的棉及含氨棉针织物分成三组，即横密、纵密及密度对比系数的对比。图3-6所示为各织物横密的对比图，图3-7所示为各织物纵密的对比图，各织物的密度对比系数如图3-8所示。

　　从图3-6中可以发现一个现象，即同一号数的纯棉面料与含氨纶面料，尽管其线圈长度有明显的差异，但其横密却相差不大。这说明纱线的细度与织物的横密直接相关，无论是加入氨纶丝还是没有加入氨纶丝，其横密都比较接近，这符合关于圆弧连直线线圈结构模型中对纬编线圈圈距的假定，即圈距$A=4d$，由于纬编针织线圈的圈柱没有给加入的氨纶丝在横向上留下压缩空间。图3-7则反映出第一组和第三组纵密的差异则非常明显，纵密的差异则表现在含氨纶的针织物的纵密明显大于纯棉针织物的

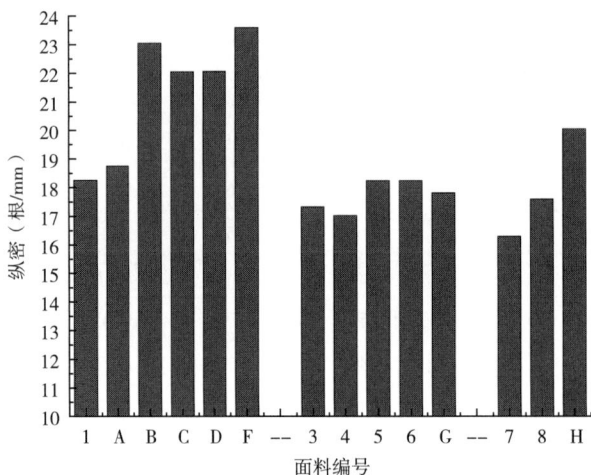

图 3-6 纬编弹性织物横密的对比图

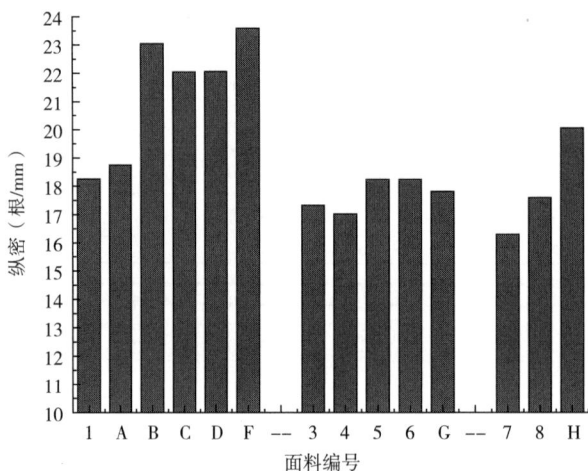

图 3-7 纬编弹性织物纵密的对比图

纵密，而第二组则比较接近，因此可以认为含氨纶的弹性针织物的纵密比不含氨纶的针织物的纵密较大或相当，也同时反映出纱线细度的影响比较明显，这一现象主要是由于氨纶丝的加入，氨纶在织物中是以拉伸伸长状态出现，这种拉伸在织物的横向作用不明显，因而它将会作用在有压缩空间的纵向，具体表现就是使线圈高度压缩，从而导致织物的纵密增大。图 3-8 表明，含氨纶针织物的密度对比系数整体上比纯棉针织面料的小，未加入氨纶的织物的平均密度对比系数为 0.89，加入氨纶弹力丝后的弹性织物的密度对比系数降低为 0.80，这主要是由于织物中加入氨纶后线圈在纵向受到来自氨纶丝的压缩，这种压缩直接构成了织物中的弹力丝在织物纵向的弹性。由于含氨纶针织物的纵密和密度对比系数这两个重要参数与纯棉针织面料的差异明显，从而使含氨纶针织面料的诸多性能会发生变化。

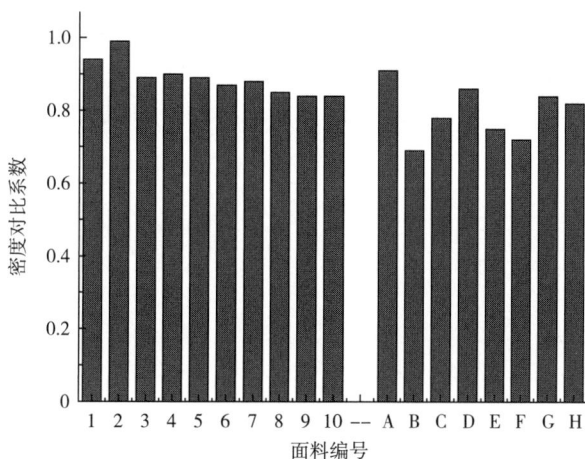

图 3-8　织物的密度对比系数图

3.2.2　氨纶与织物弹性的关系

为讨论氨纶的加入对织物弹性贡献率，本试验是将织物中的氨纶用环己酮溶液溶掉后，通过测试织物密度的变化来说明氨纶加入对织物拉伸初期弹性伸长的贡献率 A，其中 A 为溶前织物的弹性伸长 $L_前$ 与溶后织物的弹性伸长 $L_溶$ 之差与 $L_前$ 之比的百分率，即：贡献率 A＝溶前后长度差值／前值 ＝（$\Delta L_1 / L_前$）×100%。不同类型的纬编弹性针织物贡献率如表 3-3 所示。

表 3-3　纬编弹性织物的弹性贡献率 A

序号	非弹织物线密度（tex）	平均 P_a（个/cm）	平均 P_b（个/cm）	弹性织物线密度（tex）	平均 P_a（个/cm）	平均氨含量（%）	平均 P_b（个/cm）	横向 A（%）	纵向 A（%）
1	14.58	17.23	18.25	15.58/4.44	16.84	10.31	21.43	-2.26	17.42
2	14.58	17.23	18.25	15.58/3.33	17.28	8.31	21.66	0.29	18.68
3	14.58	17.23	18.25	15.58/2.22	17.04	5.25	23.59	-1.10	29.26
4	16.19	18.03	18.18	16.19/2.22	16.50	4.59	20.05	-8.49	10.28
5	19.43	15.84	17.71	19.43/2.22	14.88	3.64	17.81	-6.06	0.56
平均								-3.52	15.24

由图 3-9 可以看出，纬编弹性针织物由于弹性纤维的加入，织物在横向有一定的延伸，表现为对弹性的负贡献，但其负贡献表现并不显著，其贡献率随着氨纶含量的增大而减小的趋势总体明显。而织物在纵向则有较大的压缩，表现为对弹性的显著贡献，氨纶含量在一定范围内会保持较大的弹性贡献率，但当氨纶含量低于一定值时，则表现为对弹性的快速降低，如图 3-10 所示。从线圈结构的基本结构来看，对于非弹性针织物，

线圈的横向是纱线间的紧密贴近，而纵向的圈高则会由于线圈长度的不同而产生一定的差异，这种差异就为弹性纱压缩线圈的圈高提供了空间，当弹性纱线的拉伸应力克服了地组织纱线的伸展力时，地组织的线圈就会被压缩，从而表现出纵密的增加。

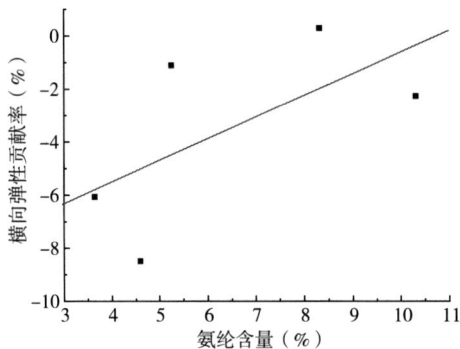

图 3-9　纬编弹性织物的横向弹性贡献率 A

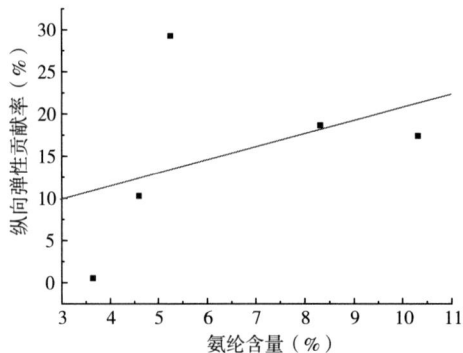

图 3-10　纬编弹性织物的纵向弹性贡献率 A

3.3　纬编弹性针织面料的结构模型建立

3.3.1　典型线圈结构模型

　　线圈长度是针织面料的重要参数，是影响针织物克重、密度和针织面料的物理机械及服用性能的重要参数，它也是针织面料生产过程中最重要的参数，通过拆散法来测试针织面料的线圈长度需要消耗大量的时间，这是一种破坏性的测试方法，因此人们一直试图采用各种方法来间接获取针织物的线圈长度。目前研究最多的是计算机图像处理法，但计算机图像处理也需要建立相应的线圈模型。陈莉等采用数字图像处理技术，将获得的图像利用傅里叶变换提取针织物的线圈结构特征，而后把二维傅里叶图像中的线圈长度转变成为三维线圈长度，这种方法具有较好的可操作性，是一种简单实用的快速测量针织物线圈长度的方法，但这种测试仅限于线圈长度的测量，而不能对针织物的性能的预测提供帮助。对线圈结构模拟最经典的是 Pierce 线圈模型，该模型把针织线圈假定为一个二维结构，线圈则是由圆弧连直线的结构，它是假定纱线在织物中处于完全理想状态，既不拉伸也不受压，线圈针编弧与沉降弧部分用半圆来近似表示，针编弧与沉降弧用直线段相连；下一横列的针编弧与上一横列的沉降弧相切，相邻的两个沉降弧或相邻的两个针编弧也相切，针编弧与沉降弧半圆的外半径为 $2d$，内圆直径为 d，其线圈模型如图 3-11 所示。其中线圈宽度为 A，纱线直径为 d，圈高为 H，该模型通过几何运算得出整个线圈长为式（3-1）：

$$L = 2 \times 1.5d\pi + 2 \times 3.606d \approx 16.64d \tag{3-1}$$

Pierce 线圈结构模型在解决单纱针织面料线圈长度的计算上有很好的应用，其误差在 5% 以内。Leaf 等在线圈平面模型的基础上，建立了基于实际的三维结构的空间线圈结构模型，该模型假设线圈由在两个正交的近似圆柱体上（一个圆柱体的母线平行于 Z 轴，另一个圆柱体的母线平行于 X 轴）的几段空间圆弧连接而成，如图 3-12 所示。由于该空间结构模型过于复杂，使用起来计算量大，因此 Leaf 在前期对空间结构研究的基础上，更进一步将该模型进行了简化，从而得出了以下结果：织物湿松弛状态下的线圈长度 $L \geqslant 17.9d$，织物干松弛状态下：线圈长度 $L \geqslant 17.5d$。

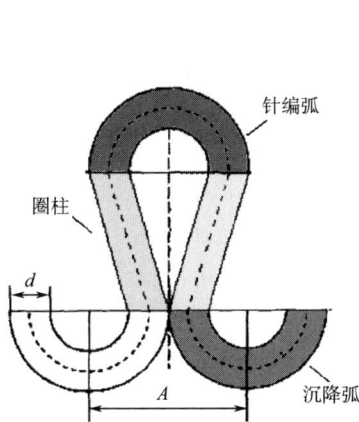

图 3-11 Pierce 线圈结构模型

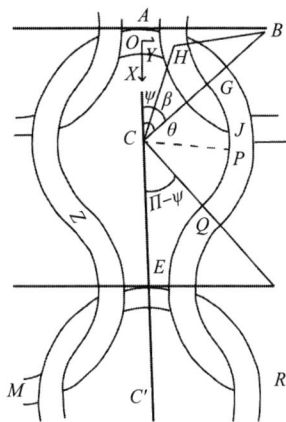

图 3-12 Leaf 空间结构模型图

王辉等提出了基于 B 样条的紧密平针织物的紧密结构模型，该模型主要针对紧密型针织物，采取对线圈进行分段处理，在此前提下，连续运用三次 B 样条曲线就能近似地描述出线圈中纱线的屈曲形态。设纱线受力后仍是连续的，纱线的路径曲线由控制点确定，控制点设置在纱线交织后力的作用点。相邻两控制点之间构造一段三次 B 样条曲线，模型控制图如图 3-13 所示，据此模型得出紧密型针织物的线圈长度为：$L = 11.87d$。

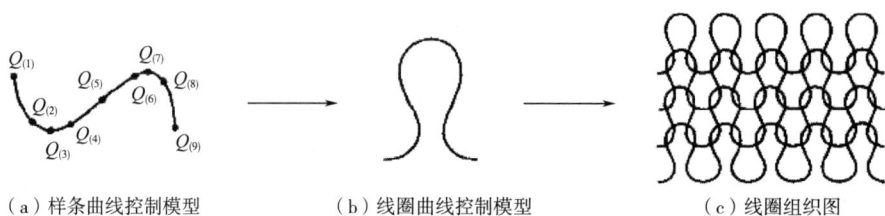

（a）样条曲线控制模型   （b）线圈曲线控制模型   （c）线圈组织图

图 3-13 B 样条线圈控制模型

  作为服装用的弹性针织物基本上都是在通用纱线的基础上加入氨纶弹力丝形成的，由于氨纶裸丝在纬编机上成圈困难及不易控制起横等因素，氨纶丝通常不单独用作纬编针织织物。由于氨纶具有高延伸性（500%～700%）、低弹性模量（200%伸长，0.04～0.12g/D）和高弹性回复率（200%伸长，95%～99%），加入少量的氨纶弹力丝，就可实现织物很好的弹性，纬编组织结构本身具有良好的弹性，弹性丝的加入，会使织物产生一定的回缩，使面料变得更加紧密，弹性更优。氨纶弹性纬编针织物成形后，氨纶仍然保持一定的伸长，这种伸长会一直伴随针织物的使用过程，因此氨纶弹性针织面料中的氨纶丝始终会有应力贮存。氨纶弹力丝的加入，使线圈各部段结构重建，原有的针织物经典模型的前提条件发生变化，而现有的紧密织物结构模型又不同于未加入弹力纱的单纱紧密织物，在织物现有线圈结构模型的设置前提不能很好地符合含氨纶弹性针织物的结构特点情况下，有必要重新构建含氨纶针织物的线圈结构模型。

3.3.2 纬编弹性针织线圈结构模型的建立

  基于前面对织物结构参数的测定及其物理参数的计算，纬编弹性针织物因弹性纤维的加入，并未对织物的横向密度产生显著影响，而对织物纵向密度的影响非常显著，因此可以对纬编弹性针织物做假定：假定非弹性纱线在织物中处于非常理想状态，纱线本身不会产生压缩变形，也不会产生拉伸，纱线受到氨纶的压缩力后仍是连续态，且不考虑纱线的捻度对线圈形态所产生的影响。由于受到氨纶的拉力而使线圈受到压缩，这种压缩将造成线圈的沉降弧和针编弧接触，因此可以认为沉降弧与针编弧产生相切，这种情况下，含氨纶针织物的地组织线圈在水平面的投影将呈现如图 3-14 所示的平面结构。

  从 3.1 节中的图 3-4 中可以看出，从针织物的反面看，线圈的针

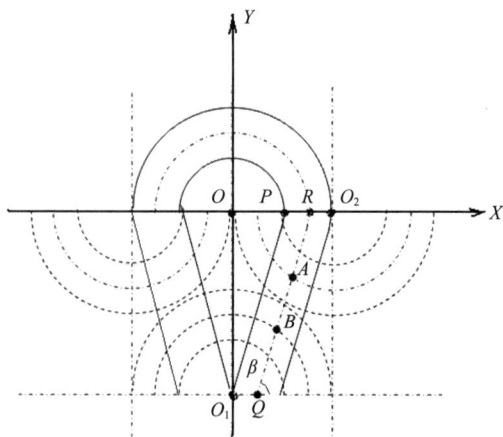

图 3-14 纬编线圈结构模型平面图

编弧和沉降弧都处在两根纱的上面，而圈柱则处于两根纱的下面，从而使弧线部段向反面抬升，而圈柱则向正面起拱，为了简化起见，可认为针编弧线部段在水平面（xoy）的投影为一圆弧，而圈柱部段为一近似圆弧弧线部段，它在（xoy）平面内的投影为一直线，因此可以认为线圈的空间曲线是由两条曲线构成的，如图 3-15 所示。

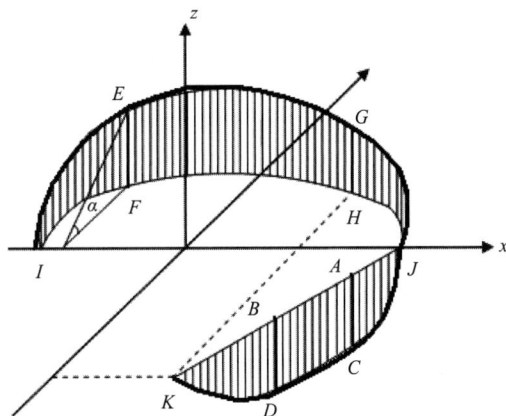

图 3-15　线圈结构立体简图

在图 3-15 中，需要确定图中 A、B 在图中的坐标位置，进而求得平面投影中圈柱的长度。在 y_{o2} 坐标（平面）中，

$|OO_2|$ 值，可以确定 O_1（$2d$，0），O_2（0，y_{o2}）

则有：

$$\sqrt{(2d_1)^2 + y_{o2}{}^2} = (4d_1)^2$$

$$4d_1{}^2 + y_{o2}{}^2 = 16d_1{}^2$$

$$y_{o2}{}^2 = 12d_1{}^2$$

$$y_{o2} = -2\sqrt{3}\,d_1$$

对于 AB 直线段：

$$y = \tan\beta \cdot \left(x - \frac{3}{2}d_1\right)$$

$$\tan\beta = \frac{2\sqrt{3}\,d_1}{d_1} = 2\sqrt{3}$$

$$\Rightarrow y = 2\sqrt{3}\left(x - \frac{3}{2}d_1\right)$$

$$L_{O_1} = \left(x - \frac{3}{2}d_1\right)^2 + (y - 0)^2 = \left(\frac{3}{2}d_1\right)^2$$

交点 A：

$$\begin{cases} (x - 2d_1)^2 + y^2 = \left(\dfrac{3}{2}d_1\right)^2 \\ y = 2\sqrt{3}\left(x - \dfrac{3}{2}d_1\right) \end{cases}$$

$$\Rightarrow (x - 2d_1)^2 + 12\left(x - \frac{3}{2}d_1\right)^2 = \frac{9}{4}d_1^{\,2}$$

$$\Rightarrow x^2 - 4d_1 x + 4d_1^{\,2} + 12\left(x^2 - 3d_1 x + \frac{9}{4}d_1^{\,2}\right) = \frac{9}{4}d_1^{\,2}$$

$$\Rightarrow 13x^2 - 40d_1 x + \left(27 + \frac{7}{4}\right)d_1^{\,2} = 0$$

$$\Rightarrow 13x^2 - 40d_1 x + \frac{115}{4}d_1^{\,2} = 0$$

$$\Rightarrow x_A = \frac{40d_1 - \sqrt{1600d_1^{\,2} - 4 \cdot 13 \cdot \dfrac{115}{4}d_1^{\,2}}}{2 \cdot 13} = \frac{(40 - \sqrt{105})d_1}{26}$$

$$y_A = 2\sqrt{3}\left(x_A - \frac{3}{2}d_1\right)$$

因此，A 点的坐标为式（3-2）：

$$A\left(\frac{(40 - \sqrt{105})d_1}{26}, \ 2\sqrt{3}\left(x_A - \frac{3}{2}d_1\right)\right) \tag{3-2}$$

由于 LO_2 满足：$x^2 + (y + 2\sqrt{3}d_1)^2 = \left(\dfrac{2}{3}d_1\right)^2$

对于交点 B：

$$\begin{cases} x^2 + (y + 2\sqrt{3}d_1)^2 = \left(\dfrac{3}{2}d_1\right)^2 \\ y = 2\sqrt{3}\left(x - \dfrac{3}{2}d_1\right) \end{cases}$$

$$\Rightarrow x^2 + \left[2\sqrt{3}\left(x - \frac{3}{2}d_1\right) + 2\sqrt{3}d_1\right]^2 = \frac{9}{4}d_1^{\,2}$$

$$\Rightarrow x^2 + 12\left(x^2 - 3d_1 x + \frac{9}{4}d_1^{\,2}\right) + 24d_1 x - 36d_1^{\,2} + 12d_1^{\,2}) = \frac{9}{4}d_1^{\,2}$$

$$\Rightarrow 13x^2 - 12d_1 x + \frac{3}{4}d_1^{\,2} = 0$$

$$\Rightarrow x_B = \frac{12d_1 + \sqrt{12^2 d_1^{\,2} - 4 \cdot 13 \cdot \dfrac{3}{4}d_1^{\,2}}}{2 \cdot 13} = \frac{(12 + \sqrt{105})d_1}{26}$$

$$y_B = 2\sqrt{3}\left(x_B - \frac{3}{2}d_1\right)$$

因此 B 点的坐标为如式（3-3）所示：

$$B\left(\frac{(12 + \sqrt{105})d_1}{26}, \ 2\sqrt{3}\left(x_B - \frac{3}{2}d_1\right)\right) \tag{3-3}$$

由此求得了 A、B 两点在 XOY 平面内的坐标值，下面将根据圈弧部段的方程式（3-4）求解：

由于：$EF = GH = d_1 + d_2$，$AC = d_1 + d_2 = BD$

设：$F\left(-\dfrac{d_1}{2},\ y_{F_1}\right)$，$H\left(-\dfrac{d_1}{2},\ y_{H_1}\right)$。

$$\left(-\frac{d_2}{2}\right)^2 + y_F^2 = \frac{9}{4}d_2^2 \tag{3-4}$$

$$y_F = \sqrt{2}d_1 = y_H$$

$$\tan\alpha = \frac{EF}{E'F} = \frac{d_1 + d_2}{\sqrt{2}d_2}$$

圈弧曲线，由式（3-5）可得：

$$\begin{cases} z = y\tan\alpha\,(\text{平面}) \\ x^2 + y^2 = \left(\dfrac{3}{2}d_1^2\right)\,(\text{柱面}) \end{cases} \tag{3-5}$$

圈柱曲线（含 $\overline{CD}$），由式（3-6）可得：

$$\begin{cases} y = 2\sqrt{3}\left(x - \dfrac{3}{2}d_1\right) \\ (x - x_0)^2 + (y - y_0)^2 + (z - z_0)^2 = R^2 \end{cases} \tag{3-6}$$

$A(x_A,\ y_A,\ 0)$，$B(x_B,\ y_B,\ 0)$，$P\left(\dfrac{3}{2}d_1,\ 0,\ 0\right)$，$Q\left(\dfrac{1}{2}d_1,\ -2\sqrt{3}d_1,\ 0\right)$

圈柱曲线（含 $\overline{CD}$）满足式（3-7）：

$$\begin{cases} y = 2\sqrt{3}\left(x - \dfrac{3}{2}d_1\right) \\ (x - x_0)^2 + (y - y_0)^2 + (z - z_0)^2 = R^2 \end{cases} \tag{3-7}$$

圈弧长如式（3-8）所示：

$$\begin{cases} z = y\tan\alpha \\ x^2 + y^2 = \left(\dfrac{3}{2}d_1^2\right) \end{cases} \tag{3-8}$$

$$\begin{cases} x = \dfrac{3}{2}d_1\cos\theta \\ y = \dfrac{3}{2}d_1\sin\theta \quad \left(0 \le \theta \le \dfrac{\pi}{2}\right) \\ z = \dfrac{3}{2}d_2\sin\theta\tan\theta \end{cases} \tag{3-9}$$

则 $IEGJ$ 曲线的长度可用式（3-10）求得

$$\int_{\overline{E}\,\overline{G}} = \int_{\overline{E}\,\overline{G}}\mathrm{d}s = \int_0^{\frac{\pi}{2}}\sqrt{x'(\theta)^2 + y'(\theta)^2 + z'(\theta)^2\mathrm{d}\theta}$$

$$= \int_0^{\frac{\pi}{2}}\sqrt{\left(-\frac{3}{2}d_1\sin\theta\right)^2 + \left(\frac{3}{2}d_1\cos\theta\right)^2 + \left(\frac{3}{2}d_1\cos\theta\tan\theta\right)^2}\,\mathrm{d}\theta \tag{3-10}$$

下面将图 3-15 中的曲线分成两段来分别求其长度曲线，然后求得纱线的总长度，先建立如图 3-16 所示的直角坐标系，曲线 $QSTR_1$ 为线圈圈柱的中心线。

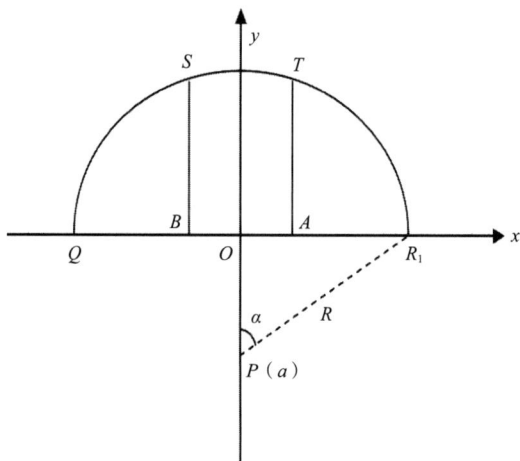

图 3-16　曲线 $QSTR_1$ 线圈圈柱的中心线

OR 所在直线为 OX 轴，AB 中点为坐标原点 O。

设 $QSTR_1$ 是圆弧的一段，其所在的圆的圆心为 P，其坐标为 $(0, a)$，则有

圆的方程：$x^2 + (y - a)^2 = R^2$（R 为圆半径）

并且由式（3-11）～式（3-13）可知：

$$\begin{cases} a^2 + \left(\dfrac{3.65d_1}{2}\right)^2 = R^2 & (OP^2 + OR_1{}^2 = PR_1{}^2) \\[3mm] \left(\dfrac{d_1}{2}\right)^2 + (d_1 + d_2 - a)^2 = R^2 & (\text{点 } T \text{ 在圆周上}) \end{cases} \tag{3-11}$$

$$a^2 + \left(\frac{3.65}{2}d_1\right)^2 = \left(\frac{d_1}{2}\right)^2 + (d_1 + d_2)^2 - 2a(d_1 + d_2) + a^2$$

$$2a(d_1 + d_2) = \left(\frac{d_1}{2}\right)^2 + (d_1 + d_2)^2 - \left(\frac{3.65}{2}d_1\right)^2$$

$$a = \frac{\left(\dfrac{d_1}{2}\right)^2 + (d_1 + d_2)^2 - \left(\dfrac{3.65}{2}d_1\right)^2}{2(d_1 + d_2)} \tag{3-12}$$

$$R = \sqrt{a^2 + \left(\frac{3.65}{2}d_1\right)^2} \tag{3-13}$$

设 　　　　$\angle OPR = \alpha \Rightarrow \sin\alpha = \dfrac{OR_1}{PR_1} = \dfrac{\dfrac{3.65}{2}d_1}{R} \Rightarrow \alpha = \arcsin\dfrac{3.65d_1}{2R}$

得 　　　　$\angle OPR_1 = 2\alpha = 2\arcsin\dfrac{3.65d_1}{2R}$

因此 $QSTR_1$ 曲线的长度 $\widehat{L}_{QSTR}$ 如式（3-14）所示：

$$\overset{\frown}{Q}\,\overline{R}_1 = 2\alpha \cdot R \tag{3-14}$$

再建立如图 3-17 所示的坐标系（坐标原点 O' 为 PO 中心点）。

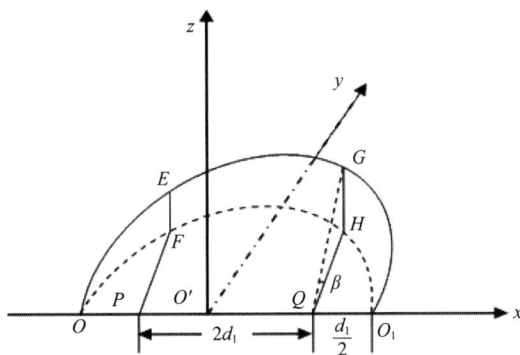

图 3-17 曲线坐标系

由于底圆的方程为式（3-15）：

$$x^2 + y^2 = \left(\frac{3}{2}d_1\right)^2 \tag{3-15}$$

设 $\angle GQH = \beta$，则 $\tan\beta = \dfrac{GH}{QH}$

而 $QH^2 + d_1{}^2 = \left(\dfrac{3}{2}d_1\right)^2$ 可推导出式（3-16）：

$$QH = \frac{\sqrt{5}}{2}d_1 \tag{3-16}$$

设直线 QG 与 OX 轴所确定的平面为式（3-17）：

$$Z = y \cdot \tan\beta = \frac{d_1 + d_2}{\frac{\sqrt{5}}{2}d_1}y = \frac{2(d_1 + d_2)}{\sqrt{5}d_1}y \tag{3-17}$$

则曲线 O_{EGO_1} 的方程为式（3-18）：

$$\begin{cases} x^2 + y^2 = \left(\dfrac{3}{2}d_1\right)^2 \\ Z = \dfrac{2(d_1 + d_2)}{\sqrt{5}d_1}y \end{cases} \tag{3-18}$$

令 $x = \dfrac{3}{2}d_1\cos\theta$ $y = \dfrac{3}{2}d_1\sin\theta$ 则曲线方程为式（3-19）：

$$x = \frac{3}{2}d_1\cos\theta$$

$$y = \frac{3}{2}d_1\sin\theta$$

$$Z = \frac{3}{2}d_1\sin\theta \cdot \frac{2(d_1 + d_2)}{\sqrt{5}d_1} \quad (0 \le \theta \le \pi) \tag{3-19}$$

设有 $\hat{L}_{OEGO_1} = \displaystyle\int_0^\pi \sqrt{x_\theta'^2 + y_\theta'^2 + z_\theta'^2}\,\mathrm{d}\theta = \int_0^\pi \sqrt{\left(\frac{3}{2}d_1\right)^2 + \left(\frac{3}{2}d_1\right)^2 \cdot \frac{4(d_1 + d_2)^2}{5d_1{}^2}\cos^2\theta}\,\mathrm{d}\theta$，则得

式（3 - 20）：

$$\widehat{L}_{OEGO_1} = \frac{3}{2}d_1\int_0^\pi \sqrt{1 + \frac{4(d_1 + d_2)^2}{5d_1^2}\cos^2\theta}\,\mathrm{d}\theta \qquad (3\text{-}20)$$

记 $a = \dfrac{2(d_1 + d_2)}{\sqrt{5}\,d_1}$，则：

$$\widehat{L}_{OEGO_1} = \frac{3}{2}d_1\int_0^\pi \sqrt{1 + a^2\cos^2\theta}\,\mathrm{d}\theta$$

$$\widehat{L}_{OEGO_1} \approx \frac{3d_1}{2}\int_0^\pi \left[1 + a^2\frac{1 + \cos2\theta}{2}\right]\mathrm{d}\theta$$

因此，针编弧的长度如式（3-21）所示：

$$\widehat{L}_{OEGO_1} \approx \frac{3d_1}{2}\left(1 + \frac{a^2}{2}\right)\pi \qquad (3\text{-}21)$$

综合式（3-14）和式（3-21）可以得出一个线圈的纱线长度，如式（3-22）所示：

$$L = 2(\widehat{L}_{QSTR} + \widehat{L}_{OEGO_1}) \qquad (3\text{-}22)$$

其中，圈柱的长度为 $\widehat{L}_{QSTR}$ 为 $\overline{Q}\,\overline{R}_1 = 2\alpha \cdot R$

这里：$\angle OPR_1 = 2\alpha = 2\arcsin\dfrac{3.65d_1}{2R}$

$$R = \sqrt{\alpha^2 + \left(\frac{3.65}{2}d_1\right)^2}$$

$$\widehat{L}_{OEGO_1} \approx \frac{3d_1}{2}\left(1 + \frac{a^2}{2}\right)\pi$$

$$a = \frac{2(d_1 + d_2)}{\sqrt{5}\,d_1}$$

由式（3-22）可知，本模型下的线圈长度与所用的地纱直径和氨纶弹性丝的直径相关，氨纶丝的加入，对线圈的形状产生实质性影响，线圈的圈柱长度与地纱的直径相关，而圈弧的长度则与二者的直径均相关，随着地纱的直径和氨纶弹性丝直径的增加，织物中的线圈长度也随之增加。

3.4　纬编弹性针织物线圈结构模型的验证

为验证新模型与实际的纬平针弹性针织物线圈结构的相近度，通常是以基于所建立的模型来计算线圈长度，并与实测的线圈长度所产生的误差来判别的。在此对前面所列的 8 种纬编弹性针织面料，实测出棉纱的线圈长度，然后用 Pierce 模型、Leaf 模型、B 样条模型所计算出的线圈长度与实测线圈长度对比分析。表 3-4 为各模型计算线圈长度与实测线圈长度的对比，表 3-5 为各模型误差百分率。

表 3-4　各模型计算的线圈长度与实测线圈长度分析

面料	棉纱线密度（tex）	氨纶线密度（tex）	棉纱直径（mm）	氨纶直径（mm）	实测线长度（mm）	Pierce模型（mm）	Leaf模型（mm）	B样条模型（mm）	新模型（mm）
1	14.58	4.44	0.15	0.07	3.10	3.66	3.85	2.61	3.03
2	14.58	4.44	0.15	0.07	2.90	3.66	3.85	2.61	3.03
3	14.58	4.44	0.15	0.07	2.90	3.66	3.85	2.61	3.03
4	14.58	3.33	0.15	0.06	2.90	3.50	3.675	2.49	2.93
5	14.58	3.33	0.15	0.06	2.90	3.50	3.675	2.49	2.93
6	14.58	2.22	0.15	0.05	2.75	3.33	3.5	2.37	2.83
7	16.19	2.22	0.18	0.05	2.85	3.83	4.03	2.73	3.29
8	19.43	2.22	0.19	0.05	3.18	4.00	4.025	2.84	3.45

表 3-5　各模型线圈长度计算误差

面料	棉纱线密度（tex）	氨纶线密度（tex）	氨纶含量（%）	实测线长（mm）	Pierce模型（%）	Leaf模型（%）	B样条模型（%）	新模型（%）
1	14.58	4.44	9.76	3.10	18.30	24.19	-15.76	-2.06
2	14.58	4.44	10.37	2.90	26.46	32.75	-9.95	4.69
3	14.58	4.44	10.79	2.90	26.46	32.75	-9.95	4.69
4	14.58	3.33	8.65	2.90	20.71	26.72	-14.04	1.18
5	14.58	3.33	7.98	2.90	20.71	26.72	-14.04	1.18
6	14.58	2.22	5.25	2.75	21.23	27.27	-13.67	3.00
7	16.19	2.22	4.59	3.18	20.56	26.57	-14.14	3.68
8	19.43	2.22	3.64	2.85	40.37	47.36	-0.04	21.12
平均					24.32	30.57	-11.45	4.65

　　由表 3-4 计算结果可知，由于每种针织物都有氨纶衬入，氨纶的含量不一样及氨纶的细度不一样，使其织物克重也不相同，表现在即使所用纱支完全一样，其线圈长度也会有差别。各模型计算的线圈长度与实测线圈长度都存在差距。

　　从表 3-5 可以看出对于加入氨纶的纯棉针织物，由 Pierce 模型和 Leaf 模型计算出来的线圈长度其误差均高于 20%，说明这两种模型非常不适合作为加入弹性纱线的针织物，这主要是由于这两种模型是基于一种松弛状态下的针织物，而加入氨纶弹性丝的弹性针织物由于弹性丝的强制作用，使线圈处于一种非常紧密的状态，在建模的基本条件发生改变的前提下，模型的适用性就会因此而失去应用可能。适用于紧密针织物的 B 样条模型，是基于织物处于一种自然的紧密状态的模型，虽然它也是假定织物中的线圈是一种紧密构形，但其未能考虑到其中氨纶丝在织物中对线圈产生的强制压缩，因此以此模型计算出来的线圈长度的平均误差也在10%以上，由此可以认为前三种模型并不适合于氨纶弹性针织物，而对于使用本模型计算出来的线圈长度误差的平均值为4.65%，保持了相对较小的误差，说明本模型对于弹性针织物有较好的适用性。本模型中对于氨纶含量较大的弹性针织物具有较小的误差，其误差均小于5%，而对于氨纶含量较低的8号织物，其误差较大，究其原因是氨纶含量较少的织物，其氨纶所给予地组织线圈的拉伸力不够，从而使线圈的圈弧不能紧密相切，其形态比较符合B样条模型，因此本模型对于弹性织物有良好的适应性，但对于氨纶含量较少的弹性织物，计算线圈长度与实际的线圈长度仍然存在较大的误差，这种大的误差可以从前面的弹性贡献率中得到解释，即弹性纱线所产生的拉伸应力未能克服线圈的伸展应力时，弹性纱线并未起到对线圈产生明显的压缩力的作用，线圈的针编弧未能与沉降弧产生相切。

3.5 纬编弹性针织物的拉伸行为讨论

3.5.1 针织物的弹性构成

针织物的结构是由线圈单元构成的。在外力的作用下，线圈发生变形，即圈弧弯曲、圈干位移和转动，统称为"转移"，负荷缓慢增加，当这一转移完成后，随着拉伸力的持续增大，松弛的纱线伸长和伸直，负荷迅速增大；继续拉伸时，纱中的纤维产生相对滑移，负荷呈高斜率的线性增大，直至断裂。因此针织面料的弹性是由前期线圈转移和后期纱线伸长所构成的。大多数的针织面料可以按这一模式来解释其弹性构成，但这一解释有局限性，因为加入弹性纤维或特殊组织结构的针织面料，其弹性的构成要更为复杂。

弹性针织物通常分为单向弹力织物（多数为纬弹）和双向弹力织物（经纬加弹）。作为纬编弹性织物，可以采用弹性非常好的组织（如罗纹和双反面组织结构），这类组织结构本身因为线圈横列或纵行彼此覆盖而形成弹性及延伸性的要素，也可以加入高弹性的纤维，使得织物的横纵密度增加而形成弹性及延伸性的要素，或是二者合并使用。高弹性纤维的加入形式通常是将纤维直接与纱线一起喂入成圈的方式，也有通过集圈或衬入的方式，利用纤维本身的弹性和组织固有的弹性，从而构成面料的弹性。氨纶是弹性针织物中应用最多的弹性纤维，在编织过程中，可以每个成圈系统都喂入（称为密根）；也可以1隔1成圈系统喂入（称为疏根）。弹力针织面料织物与普通针织面料相比，具有易伸长、易回复、弹性好的力学特征。作为弹性针织面料，在加入弹性纤维后，面料本身会在弹性纤维的预应力下产生回缩，这一回缩会使面料初始状态更加紧密。在对面料施加外力时，弹性纤维伸长而使面料这一部分已有回缩得以伸展，因此在这一拉伸阶段，弹性是由弹性纤维贡献的。随着拉伸的进行，由于组织结构的关系，部分组织（如罗纹组织、双反面组织等）的横列或纵行在平衡状态下所产生的遮盖，会在拉伸时产生伸展，从而与弹性纤维疲劳构成了面料第二拉伸阶段的弹性，接下来的拉伸则是线圈的转移和纱线的伸长为主所形成的弹性。

根据穿着要求的不同，针织面料的弹性大小可分为高弹、中弹与低弹三类。高弹面料具有高度的伸长和快速的回弹性，弹性伸长率一般为 30%~50%，弹性回复率一般为 94%~95%；中弹面料也称舒适弹性织物，弹性伸长率一般为 20%~30%，弹性回复率一般为 95%~98%；低弹面料一般为低比例的氨纶弹性纱织物，弹性伸长率一般在 20% 以下，弹性回复率一般为 98% 以上。

3.5.2　纬编弹性针织面料的拉伸测试

面料的弹性依赖于面料的拉伸，而服装压是由面料变形形成的向体内压缩作用所致，因此服装压必然与针织面料的拉伸弹性和回复性相关。而拉伸弹性的测试方法为定伸长和定负荷拉伸两种。所用指标为：弹性伸长率 ε_e（%）、弹性回复率 R_e（%）、残余伸长率 ε_R（%）、拉伸功 W（N·m）、回复功 W_R（N·m）及最大拉力 $F_{\max}$（N）。美国及欧洲通常采用的定负荷伸长率测定方法来测定面料的拉伸弹性性能。我国及日本常采用定伸长负荷法来测定面料的拉伸弹性性能，并以最大弹性伸长率 ε_{emax}（%）来表示，其他指标相同。但定负荷的取值是关键，应保证试样的伸长在弹性范围内。若定负荷值超出这个范围，则试样因拉伸过度而塑性变形，导致测量误差。

弹性针织面料在拉伸负荷作用下会产生较大的变形，表现为沿拉伸负荷方向伸长，沿与拉伸负荷垂直方向收缩。当负荷释放后，试样会产生回复及部分残余变形，即弹性变形 ε_e（%）和塑性变形 ε_P（%）。弹性变形和塑性变形的大小是衡量弹性针织物弹性性能的重要指标。一般来说，弹性变形越大而塑性变形越小的针织物，其弹性性能越好。弹性针织物的弹性回复率 R_e（%）和塑性变形率 ε_P（%）是两个重要的指标。弹性回复率衡量针织物的弹性变形大小，塑性变形率衡量针织物的塑性变形大小。

本拉伸试验所选取的样品考虑到其代表性，选取了四种不同的织物组织结构，氨纶含量总体接近。试样一为纬平针组织结构面料，它是纬编弹性织物中最常用的品种，试样二为 1+1 氨纶罗纹结构面料，作为 1+1 罗纹结构其组织结构本身具有良好的弹性，是所有纬编组织中横向弹性最好的结构，其次是 2+2 罗纹组织结构面料，2+4 罗纹试样则较差。试样三为 2+4 罗纹组织结构面料。试样四为 2+2 罗纹组织结构面料，而纬平针就组织结构而言是横向弹性最小的结构，织物照片如图 3-18 所示，1+1 罗纹组织的结构如图 3-19 所示。测试试样所得的物理参数如表 3-6 所示。

试样一	试样二
试样三	试样四

图 3-18　测试织物图片

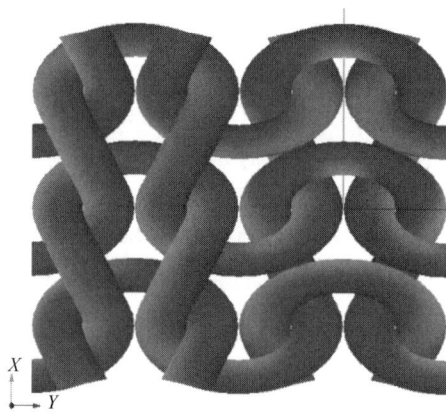

图 3-19　1+1 罗纹组织结构三维图

表 3-6　试样参数

面料	试样一	试样二	试样三	试样四
组织结构	平针	1+1 罗纹	2+4 罗纹	2+2 罗纹
氨纶含量（%）	3.7	3.4	3.6	3.8
平方米克重（g/m²）	177	200	280	240

　　纬编针织物单向拉伸弹性的测试方法很多，可分为定伸长法和定负荷法。定伸长

拉伸是将针织面料沿横向或纵向拉伸至一定长度，保持一定的时间，去除外力，再停顿一定时间，记录外力释放后针织物拉伸方向的尺寸变化，这可在具有自动记录装置的织物强力仪上直接记录拉伸曲线。定负荷拉伸是将试样在一定条件下加上一定负荷，保持一定时间，除去负荷，再停顿一定时间，记录试样在拉伸方向的尺寸变化。定负荷的伸长率越大，说明该织物在外力作用下越容易产生变形。

针织物拉伸性能测试在 Instron5566 万能试验机（Instron 公司，MA，USA）上进行，针织物定伸长拉伸的隔距为 100mm，拉伸速率为 100mm/min。每种试样采用阶梯法裁剪 3 块，尺寸为 200mm×50mm，将每种试样都置于标准大气（温度为 20℃，相对湿度为（65±2）%下平衡 24h。拉伸试验参照 FZ/T 70006—2004 标准进行。四种纬编弹性针织物的定伸长拉伸曲线分别如图 3-20 和图 3-21 所示。

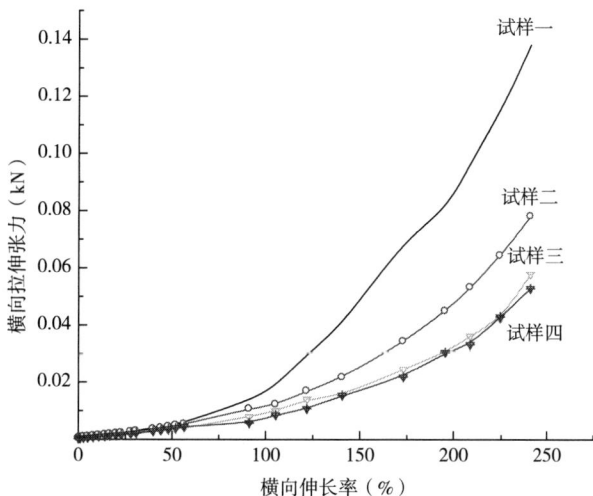

图 3-20　针织物横向拉伸曲线

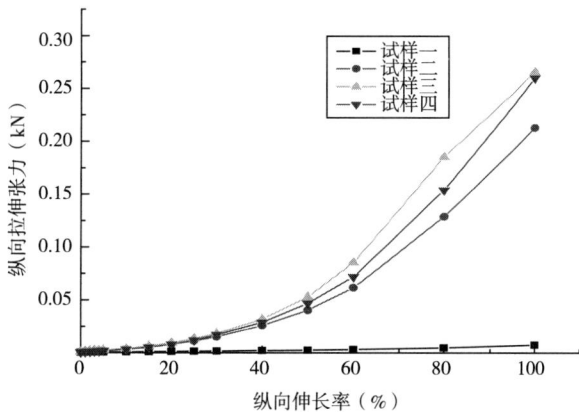

图 3-21　针织物纵向拉伸曲线

作为服装面料的弹性针织物，尤其是贴身穿着的弹性针织物，为使衣服穿着舒适，无压迫感,在人体运动时服装面料与人体皮肤应具有紧密的跟随性,即弹性针织物的弹性伸长度与弹性回复度应以人体运动时皮肤的伸长度与回复度为参数,并成一定的比例关系。人体在运动时,皮肤在垂直方向的最大伸长部位,发生在手臂直举时胳肢窝的皮肤伸长,伸长率为66%~78%,水平方向伸长最大部位在后肘部,曲臂时,皮肤的伸长率为30%~42%。由此可见,人体皮肤的最大伸长度在水平方向约40%,在垂直方向约80%,即应该测定试样伸长40%时的负荷值和试样伸长80%时的负荷值。据此,对四种面料的定伸长负荷值测试结果如表3-7所示。

表3-7　织物的定伸长负荷值

项目	试样一	试样二	试样三	试样四
经向伸长80%的负荷值（N）	5.1	136	186	129
纬向伸长40%的负荷值（N）	4.03	3.66	2.70	2.79

针织物受拉伸后会产生一定的变形,这种形变宏观上是织物、纱线结构变化的结果,微观上则表现为大分子的构形发生变化。纺织材料属于高分子聚合物,其力学特征表现为黏弹性,受到外力作用后,针织物的变化将体现出应力松弛和蠕变的特征。外力作用下,变形针织物力求向最小能量状态趋近,当针织物线圈的弹性力大于纱线接触面的摩擦力时,则表现为线圈部段的伸直,当纱线的弹性力克服了纱线接触面的摩擦力时,纱线在彼此的接触面产生相对移动,这时主要表现为线圈间的部段发生转移,即织物的蠕变回复性,而当摩擦力大于弹性力时,纱线在接触面不会产生相对运动,这时便产生应力松弛。针织物同其他高分子纺织材料一样,变形是由三部分组成,即急弹性变形、缓弹性变形和塑性变形。

不含弹性丝的针织物的拉伸曲线是由线圈转移阶段和纱线变形阶段构成,拉伸初始阶段克服纱线间的摩擦力产生线圈转移而产生形变,线圈间的部段转移完成后,纱线变形开始,这时纱线间的纤维开始产生滑移及伸长,最后在纤维发生断裂时,织物解体破坏,典型的非弹性纱针织物的拉伸曲线如图3-22所示。

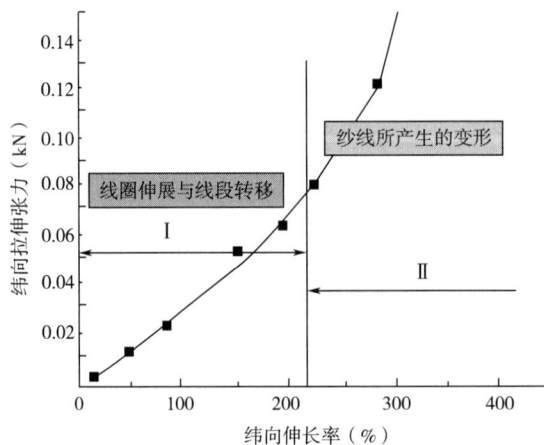

图3-22　非弹性纱针织物的拉伸曲线

对于含弹性纱的针织物,在拉伸起始阶段,面料拉伸负荷的一个微小的增加,会引起伸长率的大幅增加,这部分的变形主要是由面料中的氨纶伸长及线圈纵行的伸展引起的,在这一阶段伸长负荷的变化基本上是线性增加的。这一过程完成后,线圈的圈柱部段开始转移成为圈弧部段,同时弹性纤维继续伸长,此时的变形则是由弹性纤维伸长和线圈转移共同作用引起的,这一过程就是拉伸的第二阶段,曲线是非线性的。在拉伸的第三个阶段,线圈的转移完成后,这时的变形则是由纱线的形变和弹性纤维的伸长共同引起,这时曲线的特征也表现为非线性。不含弹性丝的针织物的拉伸曲线则只是由线圈转移阶段和纱线变形阶段构成,由于针织面料的拉伸形变很大,测试中并未将面料拉至断裂,因此部分试样只进入了第一个阶段,部分试样则反映了前两个阶段,部分曲线则反映了前两个阶段和第三个阶段。试样一的拉伸曲线可以分解其为三个阶段,如图3-23所示。

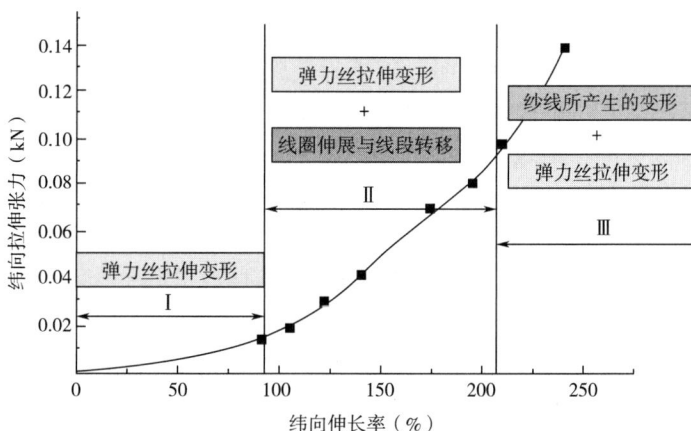

图3-23 弹性针织物横向拉伸曲线的三个阶段

3.6 结构与力学性质的相关性分析

在纬编针织物所采用的组织结构中,作为最常用的纬平针组织结构面料中的一种,这种结构所形成的织物较为轻薄,而罗纹组织则常用于需要有较大弹性和延伸性的织物结构,从其结构的对比可以发现1+1罗纹织物具有良好的横向弹性和延伸性,其隐藏在正面纵行间的反面纵行的伸展就构成了急弹性变形。图3-20表明,平针织物在相同伸长下所需要的外力比三种罗纹织物明显大很多,随着伸长的不断增加,这种差距也表现得越明显。这说明纬平针面料比罗纹面料更快进入缓弹性变形阶段,说明组织结构对横向的弹性影响非常显著。从图3-21中可以看出,纬编弹性针织物在纵向的拉伸特性所表现出来的特点与横向类似,即纬平针织物与罗纹织物差异非常明显,而三种罗纹织物则具有基本相同的特征。纬平针织物的一个很小的力就能引起很大的形变，说明纬平针织物中线圈弧部段转移到圈柱部段更容易，这是因为线圈的圈弧部段转移直接进行，而罗纹织物线圈弧段的转移则需要克服弧段的扭转力。对比经、纬向的拉伸曲线来看，在同一负荷下，三种罗纹组织面料纬向的伸长率要比经向大得多，说明其纬向要完成一定的伸长所需的拉伸力要比经向小。平针面料的经向拉伸基本上成一直线，说明其拉伸还处在拉伸的第一阶段。从上述特征看，纬编高弹织物的纬向在同样伸长的情况下会比经向赋予着装人体更小的服装压。由表3-7可以看出，织物在经向伸长80%时，平针织物所需的负荷最小，而纬向的负荷值又是四块面料中最大的，因此四块织物的经向负荷越大则纬向负荷就越小，基本呈现出反比的规律，说明织物线圈的转移量是恒定的，当某一方向容易转移时，则另一方向的转移需要承受更大的负荷。

通过对10种非弹性针织物和8种弹性针织各物理参数的测试，分析了这两种类型的针织物在结构参数上所表现出的差异，主要体现在弹性针织物与非弹性针织物相比，二者横密无显著差别，而纵密则有明显的差异，弹性针织物的纵密明显增大，表现在密度对比系数上，非弹性纬编针织物的平均密度对比系数为0.89，而弹性纬编针织物的密度对比系数为0.80。通过对弹性纱在织物中的弹性贡献率的计算，发现织物弹性纱对织物的横向表现为负贡献，其负贡献率与氨纶的含量成反比趋势，但整体影响并不显著，其平均贡献率为3.52%，而弹性纱对织物的纵向则有显著的影响，其平均弹性贡献率为15.24%，其与氨纶的含量的关系表现在其含量低于一定值时，贡献率则会呈现快速下降。在此测试基础上，根据弹性织物的结构特征，建立了基于圈弧相切的线圈结构模型，并将包含本模型在内的四种模型所计算出的线圈长度与实测线圈长度进行了对比，结果表明：①新的模型计算出的线圈长度与实际值的误差最小，其误差率小于5%，说明新模型更接近于实际的线圈结构；②选取具有代表性的四种弹性针织物，对其进行了拉伸性能测试，其拉伸曲线具备明显的三个不同阶段，即拉伸初期的小应力、大应变的低初始模量阶段，拉伸中期的高应力、大应变的较高模量阶段和拉伸后期的高应力、小应变的高模量阶段，而初始阶段的小应力、大应变阶段表现出与非弹性纱针织物不同的特征。通过对比分析，织物的拉伸性能与织物结构密切相关，相似的结构表现出基本相同的拉伸特征，不同结构织物的拉伸性能有较大的差异，纬平针织结构的纵向拉伸模量要比罗纹组织小很多。定伸长拉伸测试结果表明，经向负荷越大则纬向负荷就越小，基本呈现出反比的规律。

第 4 章

○

经编弹性针织物的结构与力学
性质分析

经编针织物是由经向喂入针织机上成圈而形成的一类针织物，它与纬编一样也是由线圈相互串套而成，但因为它的线圈结构与纬编有一定差别，因而造就了它与纬编针织物具有相似但不尽相同的性质。织物的弹性对织物形态的风格、热湿舒适性及接触舒适性都有重要的影响，弹性及回复性依赖于纱线间的相互接触摩擦、纱线本身的模量及织物结构，织物弹性是影响服装压的主要因素，所以有必要对经编弹性针织物的力学性能做系统的研究。在第3章中，已对纬编弹性针织物的结构参数及结构模型进行了研究，并对其拉伸力学性能做了分析与测试，基本弄清了弹性纬编织物的结构及拉伸特性，但由于弹性经编织物与弹性纬编织物结构上的差异，本章将以测试分析经编弹性针织物的结构特征和拉伸力学性能为目标，先从分析经编弹性针织物的结构入手，通过分析其结构形式，再进一步探讨其结构对拉伸性能产生影响的基本规律。

4.1 　经编弹性针织物的结构特征与模型

4.1.1　经编弹性针织物的结构特征

氨纶弹力织物具有优良的伸展和收缩功能，它既能保持服装的形状，又能保证服用的弹性和延伸性。用经编方法生产弹力织物具有较大优势，可直接用裸氨纶丝织造，生产平纹、印花提花、毛圈花边等多种织物，产品用途相当广泛。经编弹力织物采用裸氨纶丝与锦纶丝或涤纶丝交织，产品具有一定的弹性，成为目前时尚的高级面料，用其缝制的服装轻贴肌肤而无绷紧的感觉，合身、舒服、柔软。由于氨纶丝的高伸展性能，在编织过程中伸长，成布后回缩。"Spandex"（斯潘德克斯）在美国和其他许多国家是弹性纤维的总称，在欧洲大陆它被称为"Elastane"，其商品名主要有 Lycra（莱卡）、Dorlastan（多拉斯摊）、Glospan（格罗斯潘）和 Roica（罗易卡）。含氨纶丝的经编针织物尺寸稳定性和弹性回复能力较强，其弹性变化范围较大，细旦斯潘德克斯纱（30D，40D 和 70 D）的出现使它的应用不再是衬纬，而能够成圈编织，这样就使织物获得了真正的双向弹性，这种双向弹性织物通常在特里科经编机上生产，多用于弹力女裤、运动员紧身衣裤、低领口紧身衫裤、泳衣、田径服和舞蹈服等。

经编针织物构成的基本单元是线圈，而线圈是由圈干和延展线组成的。经编的线圈有开口线圈、闭口线圈和重经线圈，为增加经编针织物的结构稳定性，通常采用双梳及多梳栉编织，线圈则多采用闭口线圈，各把梳栉的组织则多采用经平或变化经平组织。两种经编线圈的结构图如图 4-1 所示。

单梳的经编组织所形成的经编针织物具有比较好的弹性，但由于其脱散会造成织物的分离，作为服装面料使用价值不大，因而适合作为服用的经编针织物通常采用双梳或多梳经编组织结构，要使面料具有良好的弹性，则主要通过原料的使用来

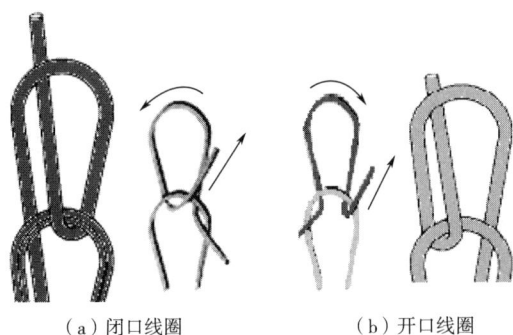

(a) 闭口线圈　　　　　　　　(b) 开口线圈

图 4-1　经编针织线圈

实现，这种原料可以是氨纶弹力丝、PTT 等，因此经编弹性针织面料通常使用两种或以上的原料，而其中一种原料必须是弹性很大的弹性纤维。要使经编针织物实现纵向弹性，通常将弹力丝置于后梳并采用编链组织结构来进行编织，使其处于针织物的中间，而另一把梳栉的纱线则置于前梳来体现织物的外观效果。要使经编针织物实现双向弹性，则弹力丝置于后梳并采用经平或变化经平组织来进行编织，前梳则采用锦纶或涤纶变形丝进行编织。如经绒平弹力针织物的线圈结构是由经平组织和经绒组织复合而成的，其中经绒组织采用弹性纱，这样生产出来的织物由于弹性纱的弹性回复，而使经平组织的线圈收缩变得非常紧密，与非弹性经编面料相比，它具有更细腻的织物外观，并保持良好的双向弹性，其弹性主要是由弹性纤维贡献的，如图 4-2 所示。

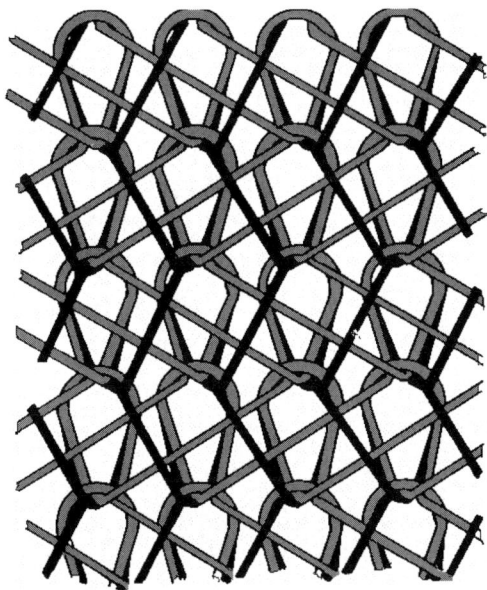

图 4-2　经绒平组织结构

4.1.2 经编弹性针织物的结构模型

有关经编针织物线圈几何结构的研究已进行 60 多年了，由于经编线圈的形成方法与纬编不同，形成的线圈结构存在差异，使其不能套用纬编的诸多模型。就经编线圈几何结构研究的方法来说，大体有两种类型：一种是将经编针织线圈假定为一定的几何模型，然后根据这一模型作出线圈参数间的几何分析，从而求出线圈参数间的数量关系，或通过实验数据对线圈模型进行修正；另一种则是按经验估计线圈参数的影响因素，再由实验来求出线圈与各参数间的统计关系。

经编织物主要分为基本经编组织、衬纬经编组织、纱经编组织等。其线圈有普通的经编线圈、重经线圈及基于衬纬纱的直线。对经编线圈的研究，有安立逊（L. Allison）早期提出的简化模型，以半径为 $2d$ 的半圆作为针编弧，以两条直线和第三条直线分别作为线圈圈柱和延展线，但是该模型没有考虑线圈的立体，也没有考虑前后梳栉。1964 年，格罗斯勃（P. Grossberg）提出将线圈主干作为一弹性杆进行数学力学分析，得出格罗斯勃第一模型。

经编针织物的基本结构单元为线圈，在实际生产中作为线圈主要结构参数的线圈长度一直被用作经编针织物的品质度量指标，在织物的编织过程中加以测量、调整和控制。线圈的长度作为针织物的一项重要指标，不仅决定针织物的密度，而且对针织物的脱散性、延伸性、弹性、强力、抗起毛起球性和勾丝性等都有重大影响。线圈的长度又和弯纱深度、喂纱张力、牵拉卷取张力密切相关。通过对针织物线圈单元结构模型的分析研究，建立了形态可变的针织物线圈单元结构模型，为针织物组织结构分析和针织工艺设计提供理论依据。

李华、邓中民根据经编织物组织的特点，提出符合实际线圈的经编基本组织的开口和闭口模型以及多梳经编织物的压纱和衬纬模型，运用 Matlab 进行程序设计，实现了经编织物较好的仿真效果。陈惠兰、冯勋伟介绍了国内外有关经编针织物线圈几何结构的研究情况，提出了各种模型的优点和不足，为今后进一步研究其他经编线圈模型及指导生产实践打下基础。杜虎兵[100] 在分析针织物纱线空间曲线变化的基础上，建立了针织物线圈单元结构模型，运用线圈单元模型分析了针织纬编平纹、罗纹、双反面组织的几何参数，计算了纬编两种基本组织极限密度结构的线圈单元长度。由于经编针织物的基本结构单元为线圈，因此在实际生产中作为线圈主要结构参数的线圈长度一直被用作经编针织物的品质度量指标，在织物的编织过程中加以测量、调整和控制。此外，赵华提出了经编针织物线圈长度的简易测量方法。

（1）G. L. Allison（G. L. 安立逊）的简化模型

安立逊将经编线圈单元分为四个部分，如图 4-3 所示以半径为 $2d$ 的半圆作为针编弧，以两条直线和第三条直线分别作为线圈圈柱和延展线。安立逊认为，经编针织物中的线圈长度是图中各部分的总和，如式（4-1）所示：

$$L = \sqrt{c^2 + n^2 w^2} + 2d \times \pi + 2\sqrt{4d^2 + c^2} + 2d$$

或

$$L = \sqrt{c^2 + n^2 w^2} + 2\sqrt{4d^2 + c^2} + 2(\pi + 1)d \tag{4-1}$$

式中：d 为纱线直径；c 为圈高；w 为圈距；n 为以针距表示的延展线长。

在图 4-3 中，$2d$ 是对线圈基部穿过纱线这一因素的修正值。同时，在式（4-1）中的第三项，按照线圈倾斜的程度必须增加 $2.5\% \sim 10\%$。安立逊模型是建立在平面前提下的模型。由于纱线本身具有弹性，即使最紧密的织物在受外力作用时也会产生很小的几何变形，所以假定纱线具有不变的圆形截面直径 d 是不合适的。由于针织物线圈易变形，使得针织物参数的获取在很大程度上要依赖以往的经验。于是可以定义两根纱线在交织点处中轴间的距离为 d，d 为纱线的有效直径，而弹性纱的 d 是可变的，这与织物的结构参数等有关。

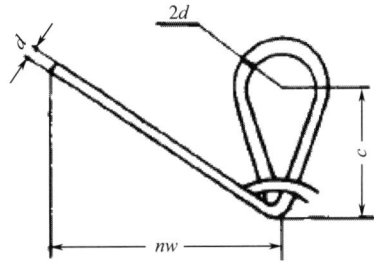

图 4-3　安立逊线圈模型

（2）P. Grossberg（P. 格罗斯勃）第一模型

格罗斯勃教授在 1964 年，以 Frisch-Fay 弹性杆对折弯的曲线方程和形状数据，作为经编圈的形态，如图 4-4 所示。再在经编圈加上延展线，形成了经编线圈模型，如图 4-5 所示。

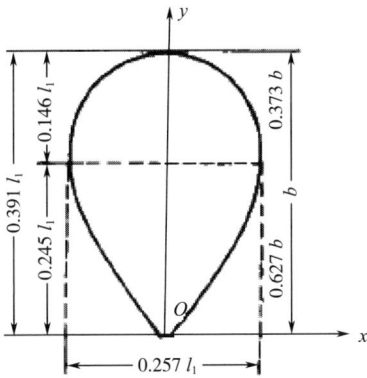

图 4-4　经编线圈圈干形态

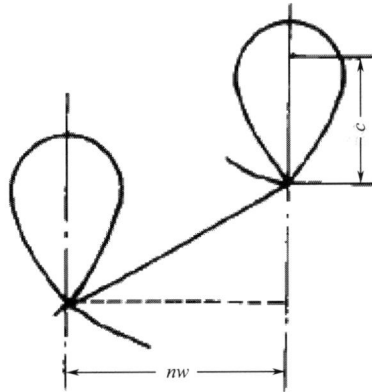

图 4-5　P. 格罗斯勃经编线圈模型

以上所述的都是闭口线圈模型。目前，针对开口线圈模型的研究比较少，但实际上开口经编织物的应用非常广泛，对这一模型的研究可以很好地再现经编组织的结构特点。线圈圈弧长度可由式（4-2）得到。经编开口线圈模型，如图 4-6 所示。

$$L = \frac{b}{\cos\beta} + \frac{c}{\cos\alpha} + \pi \times r + \frac{nw}{\cos\alpha} \tag{4-2}$$

式中：L 为线圈圈弧长度（mm）；b 为针前圈柱在水平方向的长度（mm）；c 为针背圈柱在水平方向的长度（mm）；β 为针前圈柱与水平方向的夹角（°）；α 为针背圈柱与水平方向的夹角（°）；n 为梳栉针背横移针距数；w 为圈距（mm）。

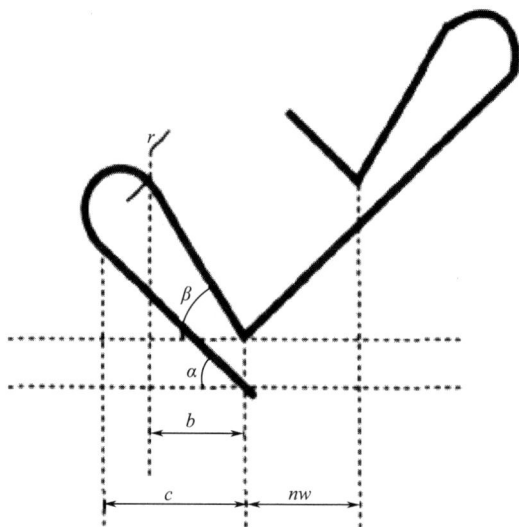

图 4-6　经编开口线圈模型

4.1.3　弹性经编针织物的结构参数

经编针织物结构形态形式多样，复杂多变，在经编针织物添加了氨纶以后，织物更加紧密，其线圈形态会发生较多的变化，现有的研究中，有设想在针织物经典线圈模型的基础上，建立极限排列密度的织物模型，并计算出相应的织物结构参数，可作为氨纶平针织物结构的计算机仿真结构模型使用。运用此紧密型结构的研究结论，为氨纶平针织物的结构分析和针织工艺设计提供理论依据，如图 4-7 所示。

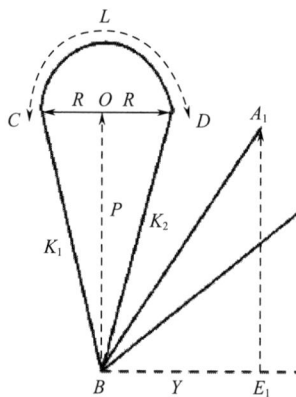

图 4-7　经编线圈形态

圈柱长度 K_1、K_2 是 Rt$\triangle BOD$ 和 Rt$\triangle BOC$ 的斜边，且 $K_1=K_2$，定义两直角三角形的高 BO 为圈高 P，底边 OD、OC 为圈弧半径 R，有式（4-3）~式（4-7）：

$$P=10/P_B \tag{4-3}$$

式中：P 为圈高（mm）；P_B 为织物纵向密度（横列/cm）。

$$K_1 = K_2 = \sqrt{P^2 + R^2} \tag{4-4}$$

式中：K_1、K_2 为圈柱长度（mm）；P 为圈高（mm）；R 为圈弧半径（mm）。

$$Y = \frac{25.4}{E} \tag{4-5}$$

式中：Y 为 1 个移针针距（mm）；E 为经编机机号（针/25.4 mm）。

$$K_3 = \sqrt{P^2 + (2Y)^2} \tag{4-6}$$

式中：K_3 为延展线长度（mm），是 Rt$\triangle ABE$ 的斜边，高 AE 为圈高 P，底边 BE 是移针

的两个针距 2Y；P 为圈高（mm）；Y 为 1 个移针针距（mm）。

线圈长度：

$$l = L + 2K + K_3 + d \qquad (4-7)$$

式中：l 为线圈长度（mm）；L 为圈弧长度（mm）；K 为修正后圈柱长度（mm）；K_3 为延展线长度（mm）；d 为长丝直径（mm）。

以上是传统的线圈计算法，经编弹力织物由于氨纶丝的拉伸，坯布的回缩，产品需有弹性，其工艺参数计算不能完全采用非弹力织物的计算方法。要按照氨纶丝拉伸和回缩特性进行计算。其实氨纶经编弹性织物与含氨纶纬编弹性织物一样，其中的氨纶丝在织物中处于拉伸伸长状态，氨纶在形成的织物中就已经存在拉伸应力和应变。

本试验选择了六块较为常用的素色经编弹性针织面料。六块试样中，试样 2 的原料为 Micromery 与氨纶，Micromery 是一种抗菌、抗过敏的新型锦纶纤维。其他均为常用的锦纶丝与氨纶丝交织。试样原料规格及测试的物理参数如表 4-1 所示。

表 4-1　试样的基本参数

试样	1	2	3	4	5	6	平均
成分	锦/氨	锦/氨	锦/氨	锦/氨	锦/氨	锦/氨	
锦/氨细度（tex）	2.2/4.4	2.2/4.4	2.2/4.4	4.4/4.4	4.4/5.6	4.4/5.6	
氨的含量	22%	21%	25%	14%	28%	18%	
组织	经平编链	经平绒	经平绒	经平绒	经斜编链	经平绒	
克重（g/m²）	110	150	110	160	210	190	
厚度（mm）	0.36	0.66	0.48	0.58	0.53	0.61	
横密（个/cm）	27.2	29	28.2	27	23.6	28	
纵密（个/cm）	22.8	22.4	23.2	19.8	36.4	22	
密度对比系数	1.19	1.29	1.22	1.36	0.65	1.27	1.16

由表 4-1 中测试的各织物的参数，对于都采用经平绒结构的织物其纵密均较横密小，表现在其结构参数为密度对比系数都大于 1。采用编链作为弹力丝的组织结构的织物，由于弹力丝只对织物的纵向有压缩力的存在，则由于氨纶丝的细度不同，而对织物的纵密产生较大的影响，氨纶的含量越大，则织物的纵密越大。从图 4-8 中可以看出，氨纶含量对织物纵密的影响非常明显，氨纶含量越大，则织物的纵密度越大，氨纶含量与织物的纵密度成正比，而与密度对比系数则成反比关系。

4.1.4　氨纶与织物弹性的关系

氨纶的含量也是影响织物弹性性能最重要的因素之一，由于氨纶在织物中处于拉伸应力状态，较多的氨纶含量会使织物产生更多的回缩，从而使织物具有潜在的高拉伸伸长，但这种高的拉伸伸长也会受到另一把梳栉的制约，从总体上看，氨纶含量差异越大，则表现出来的弹伸性也就越大。

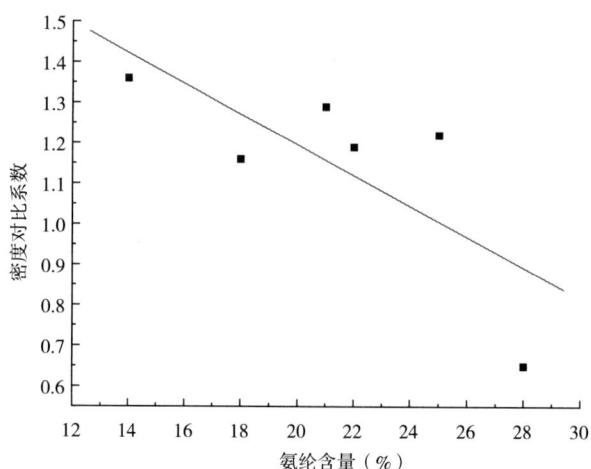

图4-8　经编弹性织物密度对比系数

　　为探讨弹性织物中弹力丝对弹性织物的作用与贡献，采取将织物中的氨纶用环己酮溶液溶掉后，通过测试织物密度的变化来说明氨纶加入对织物拉伸初期弹性伸长的贡献率 A，其中 A 为溶前织物的弹性伸长 $L_前$ 与溶后织物的弹性伸长 $L_溶$ 之差与 $L_前$ 之比的百分率，表示如式（4-8）所列。

$$贡献率\ A = 溶前后长度差值/前值 = （\Delta L_1/L_前）\times 100\%$$ (4-8)

　　氨纶试样横向、纵向的弹性贡献率如表4-2和图4-9、图4-10所示。

表4-2　经编弹性织物的弹性贡献率 A

试样	1	2	3	4	5	6	平均
氨的含量	22%	21%	25%	14%	28%	18%	
原横密（根/cm）	27.2	29	28.2	27	23.6	28	
原纵密（根/cm）	22.8	22.4	23.2	19.8	36.4	22	
溶后横密（根/cm）	25.6	23.8	22.2	21	22.4	24.2	
溶后纵密（根/cm）	16.8	15.8	17	14.4	23.2	16.2	
横向 A（%）	5.88	17.93	21.28	22.22	5.08	17.27	14.94
纵向 A（%）	26.31	30.36	26.72	27.27	36.26	26.36	28.88

　　对于经编弹性针织物，可以从表4-2、图4-9和图4-10中各织物的弹性贡献率来说明织物的弹性构成。弹性纤维的加入对织物的横向及纵向都有较大的弹性贡献，织物的平均纵向弹性贡献率比横向弹性贡献率高出14%以上，这主要是由于弹性纤维的加入，使得织物中的线圈压缩，而横向的纵行靠近。从其贡献率可以看出，两类不同结构的织物，表现出完全不同的横向贡献率，弹性纱为编链的织物都有很低的弹性贡献，而另四种结构基本相同的弹性织物则都表现出较高的弹性贡献，由此说明弹性织物中弹性纱的组织起到非常重要的作用，试样1和试样5采用了编链组织，弹性纱只在织物的纵向起到压缩线圈的作用，而其他的试样均采用经平作为弹性纱的组织，弹

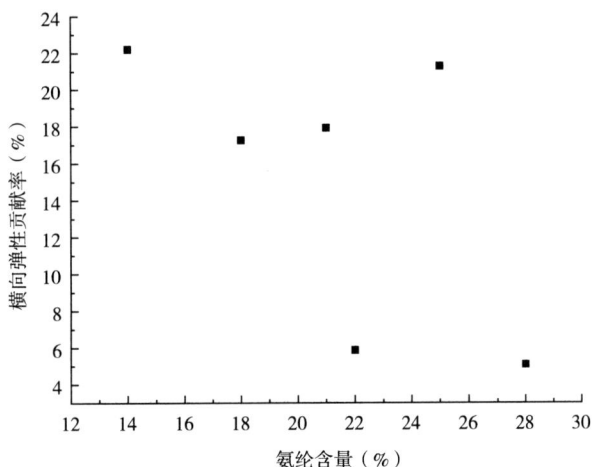

图 4-9　经编弹性织物的横向弹性贡献率 A

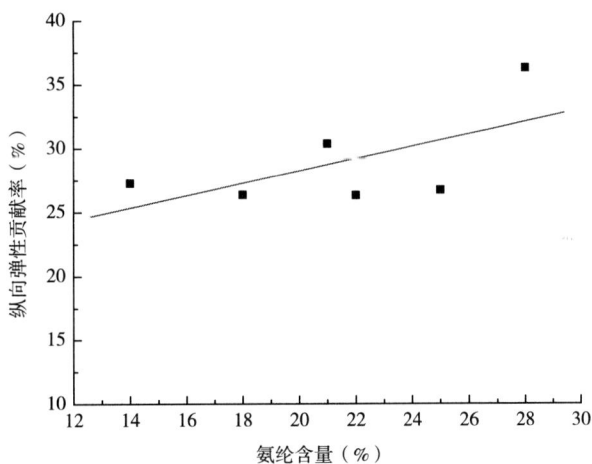

图 4-10　经编弹性织物的纵向弹性贡献率 A

性纱会对织物产生双向作用，会使织物在两个方向均对线圈产生压缩，因此其表现为双向均有很好的弹性贡献。由于试样 5 采用了经斜组织结构，经斜组织结构比经平结构具有更长的延展线，这一延展线为织物提供了潜在的纵向弹性贡献，因此织物在纵向表现出了优良的弹性贡献。相同组织的四种织物在横向的弹性贡献率没有表现出氨纶含量的增加会对弹性贡献率产生显著的影响，而氨纶含量的增加对纵向弹性贡献率呈现总体增大的趋势，说明弹性贡献率不仅与氨纶含量相关，而且与织物的线圈长度及克重相关。

　　经编弹性织物的横向密度与其横向弹性贡献的关系如图 4-11 所示，由于这六种织物中的两种含有编链结构，这种编链结构只对织物的纵向有作用，对横向的密度不会产生什么影响，因此其弹性贡献率较低，而其他四种经编织物具有相类似的结构，弹性组织结构对织物的双向均有弹力作用，因而织物横向也表现出较好的弹性贡献，织物密度的增加对弹性的贡献并未表现出明显的差异，说明织物的横向密度对弹性贡献并不显著。经编弹性织物在纵向比横向具有更好的弹性贡献，这种弹性贡献主要体现在弹性丝使线圈圈高压缩，表现在纵密度的增高，纵密度与弹性贡献之间的关系如图 4-12 所示。由图中可以看出，随着织物纵密度的增加，织物的弹性贡献率总体有增加的趋势。

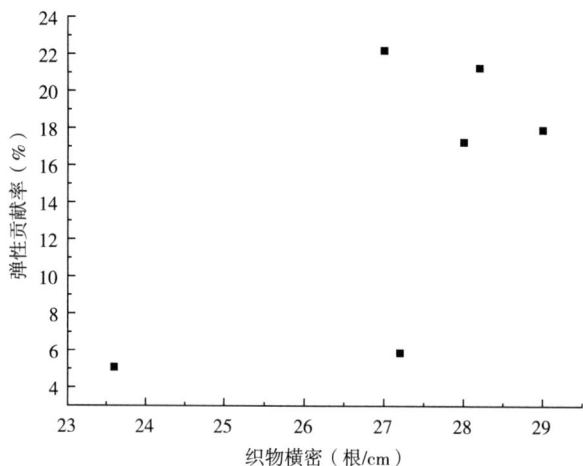

图 4-11　织物横密与横向弹性贡献率的关系

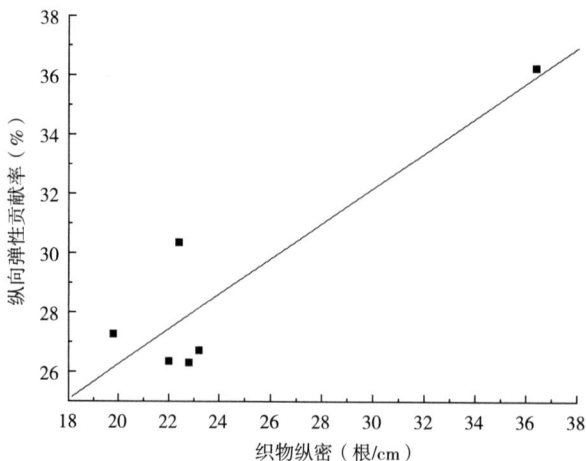

图 4-12　织物纵密与纵向弹性贡献率的关系

4.2.1 试样结构描述

经编弹性针织面料的组织结构与一般针织物结构基本相同，氨纶丝可以衬纬，也可以成圈。衬纬可以全幅衬纬或局部衬纬，全幅衬纬用衬纬经编机编织。氨纶丝成圈也可以采用编链、经平、绒针、重经等组织。本测试基于上述的 6 种试样使用了两种经编弹性针织面料较为常用的组织：经平编链和经绒平组织。

试样 1、5：经平编链

①GB1：1-2/1-0//　　　　②GB2：1-0/0-1//

试样 2、3、4、6：经绒平

①GB1：2-3/1-0//　　　　②GB2：1-0/2-3//

4.2.2 经编针织物拉伸性能测试

4.2.2.1 拉伸测试

本试验采用 YG（B）026-250 型电子织物强力机，在拉伸性能测试中，将所选取的经编弹性针织面料拉伸至断裂。由于经编弹性针织面料为双向弹力织物，因此经纬向都需要测试。测试数量：各向为 3 块。试样尺寸采取宽 50mm、长 100mm。因为针织物裁剪成矩形试样拉伸时，会明显出现横向收缩，使夹头钳口处产生的剪切应力特别集中，造成大多数试样在钳口附近断裂，将影响结果的准确性。因而将试样剪成梯形试样，如图 4-13 所示。试验时，两端的体型部分被钳口夹持。

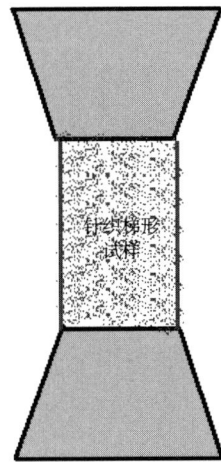

图 4-13　测试梯形试样

试验测出所用六种经编弹性针织物试样的断裂强力和断裂伸长率，具体测试数据如表 4-3 所示。

表 4-3　拉伸试验结果

试样	横向断裂强力（N）	横向断裂伸长率（%）	纵向断裂强力（N）	纵向断裂伸长率（%）
试样 1	170.6	204.2	85.9	422.4

试样	横向断裂强力（N）	横向断裂伸长率（%）	纵向断裂强力（N）	纵向断裂伸长率（%）
试样2	290.4	338.8	213.4	279.9
试样3	99.7	279.1	175.6	253.0
试样4	231.4	304.6	251.3	267.8
试样5	536.2	450.4	546.2	410.9
试样6	614.3	356.6	382.5	252.8

拉伸试验采取定伸长负荷法进行测试，每个样品均以每伸长10%为一个数据点，共测试10个数据。根据电子强力仪记录的一系列负荷—伸长数据可绘制出如下负荷—伸长率曲线。其测试结果分别如图4-14~图4-19所示。

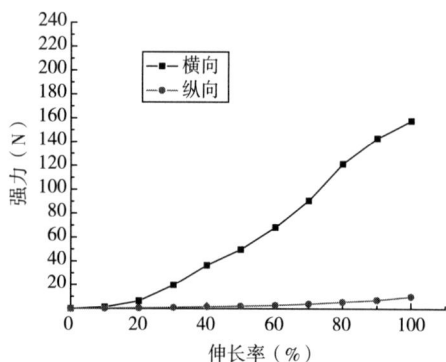

图4-14　试样1经平编链拉伸曲线

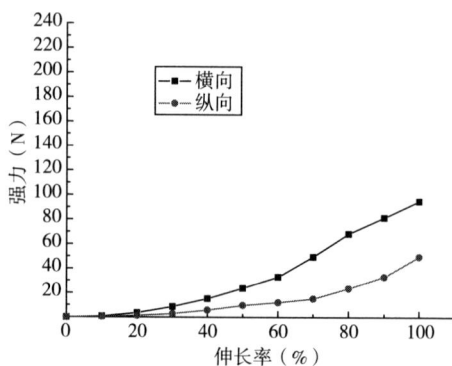

图4-15　试样2经绒平拉伸曲线

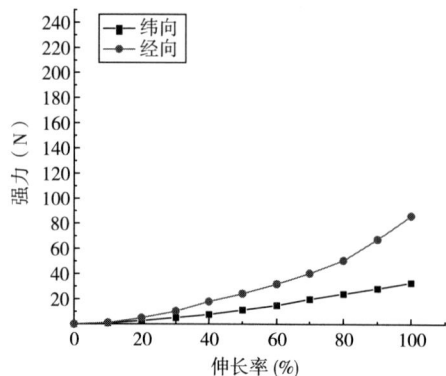

图4-16　试样3经绒平拉伸曲线

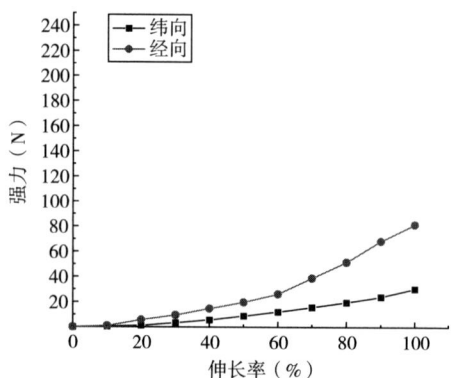

图4-17　试样4经绒平拉伸曲线

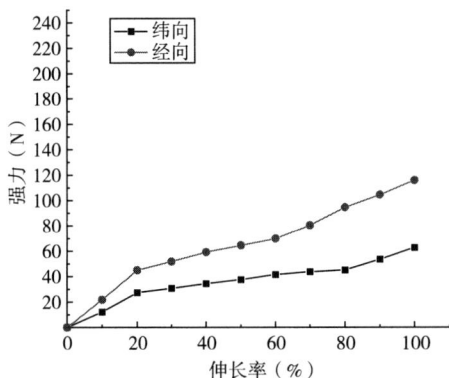

图4-18 试样5经平编链拉伸曲线

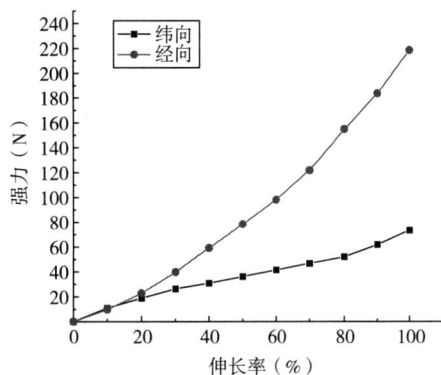

图4-19 试样6经绒平拉伸曲线

4.2.2.2 经编针织物回弹性能测试

作为服装面料的弹性针织物，尤其是贴身穿着的弹性针织物，为使衣服穿着舒适、无压迫感，在人体运动时服装面料与人体皮肤应具有紧密的跟随性，即弹性针织物的弹性伸长度与弹性回复度应以人体运动时皮肤的伸长度与回复度为参数，并成一定的比例关系。人体在运动时，皮肤在垂直方向的最大伸长部位，发生在手臂直举时的腋下部位，伸长率为66%~78%，水平方向伸长的最大部位在后肘部，曲臂时，皮肤的伸长率为30%~42%。由此可见，人体皮肤的最大伸长度在水平方向约为40%，在垂直方向约为80%，从服装对人体产生的压力来看，主要是服装面料的横向延伸而产生的力，因此，确定面料纵横向的伸长率都在50%。

在YG（B）026-250型电子织物强力机上进行定伸长拉伸试验，根据所用测试仪器，选定上下夹头间的距离为200mm，拉伸速度为100mm/min。由于试样中均含有氨纶，弹性较好，在较小的负荷下便会产生较大的伸长，因此选用预加张力为I（cN）。拉伸停置时间1min，以原速回到起点，停置3min，再加上I（cN）的预加张力，反复拉伸五次，自动记录测试结果。

具体参数如式（4-9）所示：定伸长负荷=E_3处的负荷

$$弹性回复率 = (E_3 - E_5)/(E_3 - E_1) \times 100\% \tag{4-9}$$

式中：E_1为达到预加张力点时的试样长度（cm）；E_2为达到定负荷点的试样长度（cm）；E_3为达到负荷持续作用终点时的试样长度（cm）；E_4为达到负荷零点的试样长度（cm）；E_5为循环后预加张力读数点的试样长度（cm）；L_0为试样夹持时原始长度（cm）。

六种试样的纵横向定伸长率测试结果见表4-4。

表4-4 试样的弹性回复率（%）

试样经纬向	试样1	试样2	试样3	试样4	试样5	试样6
纬向	69.33	84.34	86.17	85.63	86.76	84.02
经向	91.12	89.98	90.77	90.27	73.02	89.87

4.3.1 织物组织与力学性质的关系

经编弹性针织物普遍采用双梳组织，经编织物的组织结构特性是由两把梳栉的组织结构来共同发挥作用的，两把梳栉起到相辅相成的作用，也是相互牵制的。由于其中一把梳栉穿入氨纶纱丝，氨纶丝则主要用以实现弹性，而其组织结构则决定了织物是单向弹性还是双向弹性，而另一把梳栉则是用以形成织物的外观效果或其他效应。如果氨纶丝采用的是编链结构，则织物只具有纵向弹性，若采用全幅衬纬结构，则织物表现为横向弹性；若氨纶丝采用经平及其变化组织，则织物会具有双向弹性。针织物受到单向或双向拉伸时，会产生一定的变形，这种形变宏观上是织物、纱线结构变化的结果，微观上则表现为大分子的构形发生变化。纺织材料属于高分子聚合物，其力学特征表现为黏弹性，受到外力作用后，针织物的变化将体现出应力松弛和蠕变的特征。在外力作用下，变形针织物遵循向最小能量状态趋近的原理，首先是弹性纤维拉伸伸长，另一把梳栉的纱线则伸展，线圈形状发生变化重建，当针织物线圈的弹性力大于纱线接触面的摩擦力时，纱线间的接触点发生移动，纱线在彼此的接触面产生相对移动，这时主要表现为线圈间的部段发生转移，造成纱线在线圈中配置长度和方向的改变，即织物的蠕变回复性。继续拉伸，纱线伸长，纱线接触点处压缩，纱线间摩擦力加大，针织物厚度减小。如所加外力远小于针织物断裂负荷，外力去除后，依靠纱线的弹性，克服纱线触点间的摩擦力，线圈才可能恢复到原有的几何形态，达到平衡状态。而当摩擦力大于弹性力时，纱线在接触面不会产生相对运动，这时便产生应力松弛。针织物同其他高分子纺织材料一样，变形是由三部分组成，即急弹性变形、缓弹性变形和塑性变形。因此，纱线的弹性和摩擦系数是影响针织物弹性的重要因素。对添加氨纶后的针织物，氨纶的弹性又是影响针织物弹性的一个重要因素。

由上面的拉伸曲线可以看出 1 号试样的单向弹伸性特点明显，5 号试样则没有表现出明显的单向弹伸性的特点，这主要是因为经斜组织的长延展线使纵向的延伸性受到一定的制约。5 号试样的经斜组织结构的延展线跨过了两个纵行，其长延展线的倾斜为织物在横向的拉伸伸长提供了潜在的空间，而经平结构的 1 号试样，其延展线的长度只跨过了一个纵行，因此尽管二者结构类似，但其横纵向的拉伸行为则表现出了相反的结果，经斜结构的 5 号试样在横向与纵向的比较上表现出了低强高伸，而 1 号试样则相反，如图 4-20 所示。

其他未有编链的织物则表现出典型的双向弹伸性特征。从表 4-3 中的断裂伸长也可以验证这一结果，试样 1 和试样 5 具有明显高于其他试样的断裂伸长，如图 4-21 所示。结果表明，氨纶丝的组织结构与织物拉伸弹性的大小及方向关联度很大，采用编链结构表现出良好的单向弹伸性。

图 4-20　经斜结构经编织物

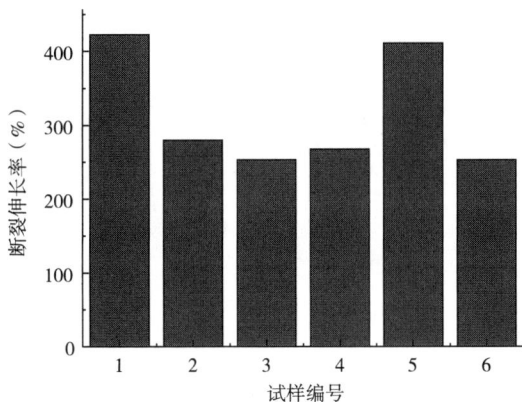

图 4-21　织物的纵向断裂伸长

4.3.2　原料及织物参数与力学性质的关系

在低应力状态下，织物中的氨纶主要承担拉伸初期的应力应变，因此氨纶的细度对初始模量产生主要影响，从图 4-22 所示的各织物的纵向拉伸曲线看，氨纶含量的大小并未表现出明显的对拉伸曲线的规律性影响，而织物克重大的织物其曲线斜率越大，其强力也越大，这是由于织物的克重越大，织物越紧密，在同样伸长状态下，需要更大的拉伸力来克服因弹力丝所加持在各线圈上的力。从图 4-23 所示的各织物横向拉伸曲线来看，除 1 号试样的拉伸力比较大以外，其余试样均表现出较为接近的模量和拉伸力，这是因为 1 号试样中的弹力丝没有对织物的横向有影响力，因此其拉伸力主要是来自对非弹性纱的拉伸，因而具有很大的拉伸力，尽管 5 号试样与 1 号试样的弹力丝具有相同的编链结构，但在非弹性纱的结构中其延展线更长一些，因此其具有较小的拉伸力。

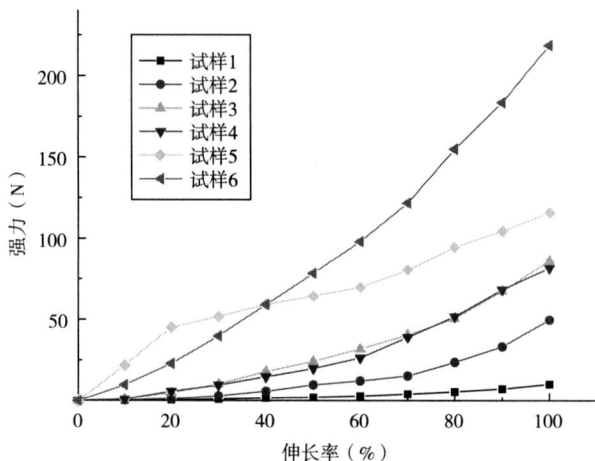

图 4-22　各试样的纵向拉伸曲线

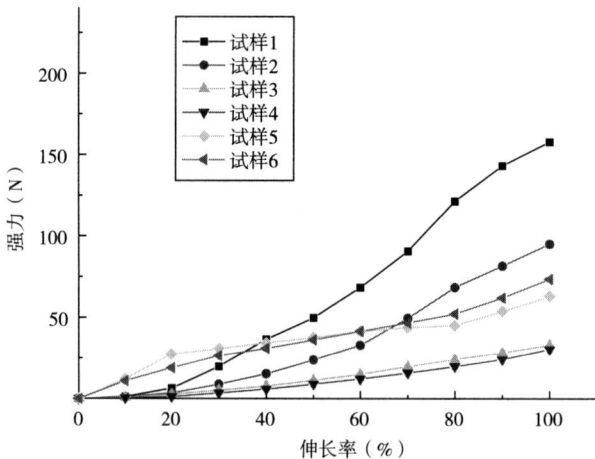

图 4-23　各试样的横向拉伸曲线

4.4.1   结构参数对针织物弹性的影响

纬编弹性针织物通常选择比较低的氨纶含量，经编弹性针织物则选择较高的氨纶含量，这是因为双梳经编针织物其结构上的弹性不如纬编织物，经编织物要实现较好的弹性，对氨纶弹力丝的依赖度更高。氨纶弹力丝的含量越高，所给予织物纵向对线圈的压缩就越大，因而经编弹性针织物的密度对比系数比纬编弹性针织物的大。由于二者结构上的差异，因而织物的弹性贡献上表现出较大的差异性，就其横向弹性贡献率来看，经编织物的弹性贡献率普遍比纬编织物大，纬编部分织物则表现出负弹性贡献率，如图4-24所示。就织物纵向弹性贡献率而言，两种类型的弹性织物均表现出了较好的纵向弹性贡献率，从机理上来看，主要是弹性纤维均对线圈产生纵向压缩从而使织物在纵向更加紧密，但经编织物的纵向会更加紧密。

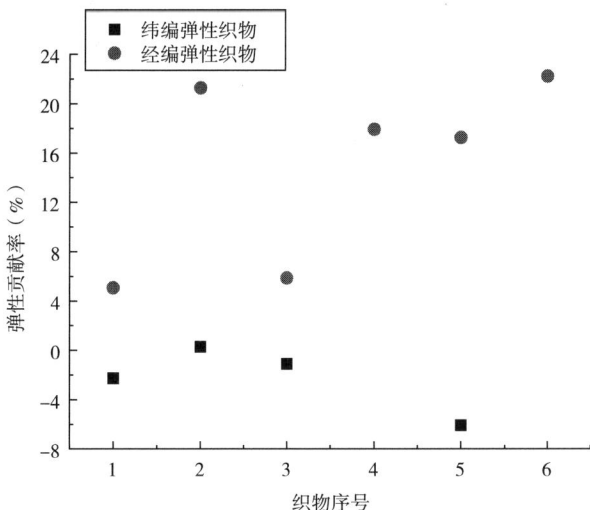

图4-24   经编和纬编弹性织物的横向弹性贡献率对比

无论是经编或是纬编弹性针织物，由于其线圈都在横向较紧密，弹性纤维的加入，并没有有效造成织物横密度在横向有较大的增加，织物在横向的弹性主要来自弹性纤维的转移及线圈部段的转移，织物横密的大小不构成对弹性贡献率的实质性影响。两种织物的纵向都因为弹力丝的加入，使纵密度增加，因而表现出随着纵密度的增加，两类织物均表现出纵向弹性贡献率都随着密度的增加而增加，呈现出正比例关系。

氨纶的含量对弹性的贡献在织物的纵向都表现出随着氨纶含量的增加，其纵向弹性贡献率也随之增加，而氨纶含量对织物横向的贡献上，纬编织物则呈现出随着氨纶含量的增加，其横向弹性贡献率也随之增大的规律，对经编弹性织物，氨纶含量的增加，并未对织物的横向弹性贡献率造成显著影响。

4.4.2　结构与力学性质的关系对比

经编织物与纬编织物在弹性上所表现出来的差异，体现在纬编弹性织物在纬向有更好的弹性伸长率，这主要是由于纬编针织物的圈弧有更多的转移，经编弹性针织物的弹性则与氨纶弹性力丝的组织结构相关性更大，它可以实现单向弹性，也可以实现双向弹性，纬编弹性织物则一般具有双向弹性。对纬编弹性针织物，地组织结构上的差异对力学性能特别是横向的拉伸造成其力学性能显著的改变，罗纹组织特有的弹性使其在横向拉伸模量均低于平针织组织，而在纵向又表现出相反的结果，罗纹组织的横向拉伸模量要高于纬平针织物。对于经编弹性针织物，除地组织结构对拉伸性能有如同纬编弹性织物一样展现出同样的规律，同时氨纶弹力丝的组织结构对拉伸力学性能也有明显的影响，不仅在拉伸方向上产生影响，还对各方向上的拉伸模量也产生影响。

4.4.3　氨纶含量与力学性质的关系对比

由于经编弹性针织面料一般是以一把单独的梳栉喂入弹性纱编织，且氨纶含量高而纬编弹性针织面料的弹性纱则是衬入编织，因此经编织物可以实现低强高伸，而纬编织物则一般表现为较大的强力和更大的伸长。纬编弹性针织物的氨纶含量大体是少而且相差不会太大，因此氨纶含量对力学性质的影响尚没有讨论，但对经编弹性织物，其氨纶含量可以有较大的差异，氨纶含量的差异性还没有明显地对横向拉伸力学性质产生变化的特征，但纵向基本呈现出了氨纶含量越高，拉伸初始模量越大的规律。

基于上述的测试与分析，可以确定：①通过对 6 种经编弹性针织物的各物理参数的测试，计算出了密度对比系数，其密度对比系数普遍高于纬编弹性针织物。分析了基于编链和经平的两类弹力丝组织结构的组织特点，两种组织结构类型的针织物在弹性贡献率上的表现，主要体现在经编弹性针织物在弹性纱线加入后，对织物的初始拉伸阶段的贡献上，织物纵向总体比织物横向具有更高的弹性贡献率，而弹性纱的组织结构不仅决定了织物的弹性是单向弹性还是双向弹性，也决定了织物在各方向上的弹性伸长值。织物在纵向的弹性贡献率随着氨纶含量的增加而增加，而氨纶含量在横向弹性贡献率上没有实质性影响。②对常规的具有代表性的 6 种弹性针织物进行了拉伸性能测试，其拉伸曲线表现出与非弹性纱针织物不同的特征，其曲线与纬编弹性针织物一样具备明显的三个不同阶段。通过对比分析，织物的拉伸性能与织物结构密切相关，相似的结构表现出基本相同的拉伸特征，不同结构织物的拉伸性能有较大的差异，结构对织物的横向拉伸有明显的影响，而对纵向拉伸的影响要比对横向的影响要弱。

纬编弹性针织物与经编弹性针织物的拉伸曲线特征基本一致，但经编织物的弹性伸长要比纬编弹性织物的伸长要小，而拉伸张力则是纬编所需要的张力大。影响经编针织物力学性能的因素中，氨纶含量和织物结构是主要因素。

第 5 章

服装压测试系统设计与服装压测试

弹性针织物作为服装面料，常用于紧身服饰，这些服饰在人体着装后会对人体产生一定的服装压，获得服装的压力值，是评价服装压迫舒适性最重要的手段，这种压力值可为服装接触舒适性提供客观评价的依据和基础，因而对服装压的客观测量及研究有助于深入、系统、数字化地开展服装压舒适性的研究工作。现有实用的测试主要采用人体着装后就一些特定部位进行实测，来取得人体各部位的服装压值，进而为服装的设计与制作提供一个科学的依据。这种方法是对现成制作出的服装进行一个服装压迫舒适性的测试，这类测试装置主要采用带有服装压传感器的探头，在人体着装后将探头插入到需要测试的部位来测量服装压，这种方法简单易行，但这种评价方法只对织物膨胀到某一状态的情况下进行单一测量，并不能对织物整个膨胀过程进行动态的测量，因此也就不能对织物在弹性延伸时所产生的服装压进行合理预测，对服装生产的指导作用不大。目前，有些采用圆筒形测试装置，将缝合好的织物套在圆筒形承载体上，来测试服装压，这种测试方法是基于一种静态的、二维线性变化的测量方式，这种测试方式并不能真实地反映人体穿着状态下的三维动态状况，因此这种测量方式也存在一定局限性。基于这种测试方法对服装压进行表征及服装压舒适性的评价还不够系统和完善，因此本章将通过对各种类型的弹性针织物进行客观的测试与评价，试图找出弹性针织物在不同伸长状态下的服装压的变化规律，以便寻找服装生产中对弹性针织物选择的依据。

5.1　基于柔性传感的服装压测试系统设计原则与构建

5.1.1　人体运动特点与着装

人体是一个生命有机体，不断的新陈代谢使人体每天都会产生身体的细微变化，因此从大的时间概念来看，人体是一个个不断变化的个体。由于人体的不断运动，人体的各部位会不断地发生变形来适应运动，尤其是使人的肢体发生大变形的运动，人体各部位也会由于关节或肌肉不断地伸缩来达到运动协调，由此而产生人体部位的形态变化。人体着装后服装也需要适应这种大的变形，服装如果没有很好的适体性，要么人体的运动受限，要么服装就会受到破坏性变形或撕裂。如果服装尺寸太过宽松，针织面料又具有弹性，被拉伸后就会在人体上产生皱痕，会使着装者产生不适感；相反，如果服装太过紧身，超出了人的承受能力，影响人的生理活动，会产生不适感，也会出现由于面料拉伸造成的面料损坏现象，如线迹破裂等。

5.1.2　基于柔性传感的测试仪器原理与机构组成

此测试所使用的压力检测系统由压力传感器、系统电缆、计算机和监视器等几部分组成。服装压测试系统是利用计算机的强大数字处理功能实现数据分析和显示，将计算机与测试系统连接而搭建而成的仪器。该测试系统的原理是利用压力传感器来测量服装的压力指标，将测量出的物理信号经放大电路转化为电信号，通过数据采集系统，A/D 转换放大后输入到计算机，再由计算机对数据进行分析、处理，转变为相应的压强，其系统工作原理图如图 5-1 所示。

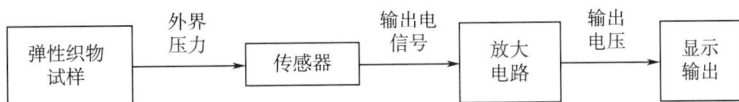

图 5-1　系统工作原理图

本服装压测试系统使用简便，能够很便利地对服装压进行测试。它可以通过试样不同伸长率下的各服装压测试，来获得在不同伸长率下的服装压，以此来获得织物动态条件下织物服装压的变化规律，以及主观评定中由个性差异引起的问题。如图 5-2 所示为传感器和压力测试系统。

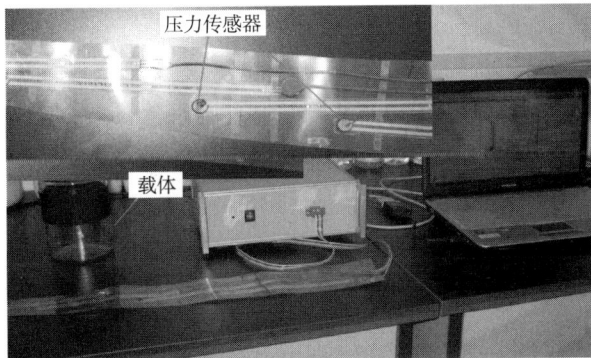

图 5-2　压力测试系统

由于人体各部位的围度都不相同，个体之间相同部位的围度也有差异，本测试以成人人体手臂的围度作为载体尺寸的选择依据，将本测试系统对服装压的测试所使用的织物载体定为一直径为 10cm 的圆柱体。由于人体的较多部位如腰身、四肢等都比较接近圆柱体，因此本实验在测量织物的服装压时选用圆筒来模拟人体。为了能够测量动态服装压具体变化情况，传感器的选择非常重要，传感器的灵敏度、稳定性和频响特性等方面的性能也直接影响到服装压测试的稳定性和数值的准确性。由于人体着装时所承受的服装压一般在 1960Pa 即 20gf/m^2 以下，一般情况下会小于 10000Pa，因此，所选服装压传感器的测试量程应为 0~10000Pa，本装置选用蚌埠赛英电子科技发展有限公司生产的 CSY—E 型薄型压力传感器，此传感器的性能指标如表 5-1 所示。

表 5-1 CSY—E 传感器性能指标

技术参数	性能指标	技术参数	性能指标
激励电压	10VDC	非线性误差	<0.5%FS
量程	0.5MPa	滞后、重复性误差均	≤0.2%FS
输入阻抗	>1.8kΩ	工作温度	−40~+80℃
满量程输出	60~100mV	温度零漂	0.02%FS/℃
零位输出	<5mV	固有频率	50~350kHz

5.1.3 仪器测试方法

（1）所有测试试样，均要将它们放置在（20±2）℃，（65±2）%相对湿度的标准大气环境下温湿调节 24h。选择在织物中间的部位取得试样以保证织物参数的可靠性。为测试织物不同方向上的服装压，需要分别沿织物纹路的长度方向和宽度方向裁制试样。试样的长度需要根据载体的周长和所测织物的伸长率来取样，织物宽度为 5cm，在三线包缝机上将其缝制成圆筒形备用。

（2）将缝制好的圆筒形试样，套在周长为 10cm 的测试装置上，保证试样处于测试装置的中间位置并覆盖住压力传感器。

（3）为获得不同伸长率下，织物所产生的服装压，只需以圆筒形载体周长为基本长度，将织物缝制成所需长度的圆筒形试样。压力传感器将测试信号通过放大电路传递给计算机，记录下织物在受到扩张后的服装压力值。

（4）使测试装置回复到初始状态，在松弛 10min 后再重复同样的过程，如此重复进行测试，来获得织物疲劳状态下的服装压。

本测试系统的交互式用户界面，利用计算机的显示功能模拟真实仪器的控制面板，如图 5-3 所示。

按个体差异和身体部位的不同，使人体感觉不舒服的服装压的范围为：5.88kPa~9.8kPa，服装压的舒适范围为：1960~3920Pa，与人体毛细血管的血压值接近。因此，系统采用帕（Pa）来标定压力测试值。

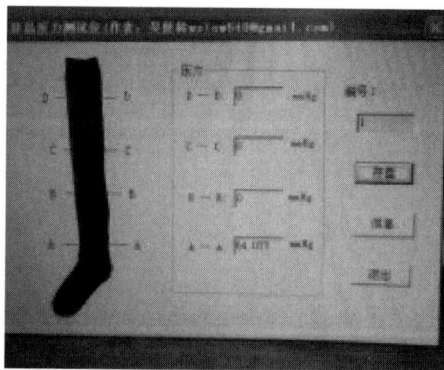

图 5-3 操作界面

占辉、徐军在试验测试中发现，曲面半径大于 32mm 时，灵敏度不受曲面影响，但曲面半径小于 32mm 时，灵敏度大大降低。考虑到曲面作用（补偿值和灵敏度），显然，最小的测试曲面半径为 32mm。考虑到传感器感应面的尺寸，使其感应面与圆筒表面弧度相吻合，选用的圆筒周长为 314mm。当圆筒曲率在传感器感应面上很小时，近似认为传感器所受织物压力等同于织物对圆筒的压力，测试前将传感器固定在圆柱上，以减少外界因素对传感器和圆筒模块的影响。

5.2 纬编针织物服装压的测试与分析

5.2.1 试样制备

将所选面料裁剪成宽 5cm，长度不等的矩形，边长留有 1cm 的缝头。矩形长则为缝制成圆筒试样后的周长。那么，不同周长的圆筒试样在圆柱形载体上将产生不同的伸长。而对圆筒产生不同的压力。面料处于不同延伸率时所缝制的圆筒布周长如表 5-2 所示。为对比起见，本试验选择了不含氨纶及 5 种不同氨纶含量的共 6 种织物，试样的基本参数如表 5-3 所示。

表 5-2　试样处于不同延伸率时所缝制的圆筒布周长

延伸率	0	20%	40%	60%	80%	100%
试样周长（mm）	314	261	224	196	174	157

表 5-3　试样的结构参数

试样序号	每平方米克重（g/m²）	横密（根/cm）	纵密（根/cm）	纤维成分	织物组织	氨纶含量（%）
1	216	15	26.4	黏胶	纬平针	0
2	220	16.6	29	棉/氨纶	纬平针	11
3	180	16.24	23.5	棉/氨纶	纬平针	10.37
4	185	17.32	23.25	棉/氨纶	纬平针	7.98
5	170	17.04	23.59	棉/氨纶	纬平针	5.25
6	160	16.50	20.05	棉/氨纶	纬平针	4.59

5.2.2 服装压测试

由于传感器的传感点感应非常灵敏，考虑到缝制试样的规整程度以及外界的影响（如触碰到试验台、风等），每块试样分别选取四个测试点测试四次，结果取平均值，测试点应避免靠近布边和缝份处。传感器应尽量平放，以确保试验的相对准确性。测试时，数据的读取应保证在 1min 后，5min 以内完成。分别测试织物在不同伸长状态下的服装压，数据见表 5-4。

表 5-4 试样的服装压   单位：Pa

试样	纱向	延伸率20%	延伸率40%	延伸率60%	延伸率80%	延伸率100%
1	经向	1041.3	1632.7	3187.0	3435.3	3483.2
	纬向	1391.1	1913.5	2909.5	3900.2	5579.5
2	经向	560.0	998.0	2085.1	3250.0	3983.3
	纬向	809.5	1431.4	2255.7	3595.4	5211.7
3	经向	530.8	979.6	1781.1	3055.3	3860.5
	纬向	768.3	1356.8	2125.4	3490.0	5119.3
4	经向	516.5	948.3	1461.1	2965.8	3782.3
	纬向	699.7	1287.2	1889.2	3391.0	5079.8
5	经向	480.3	899.5	1399.8	2880.1	3708.3
	纬向	608.4	1107.6	1809.5	3301.7	5001.6
6	经向	459.7	885.4	1319.6	2759.0	3608.3
	纬向	576.2	847.1	1759.5	3161.5	4923.5

5.2.3 伸长率对服装压的影响

纬编弹性针织物其地组织的横向一般具有良好的弹伸性，而纵向的弹性较横向差，加入氨纶弹力丝后，使织物的纵向弹性得以改善。织物受力伸长状态下所产生的服装压，受到织物结构、纱线含量、结构参数等因素的影响。在此先以伸长率对服装压的影响进行分析与讨论。各种伸长率下，织物在经向与纬向上的服装压曲线如图5-4所示。

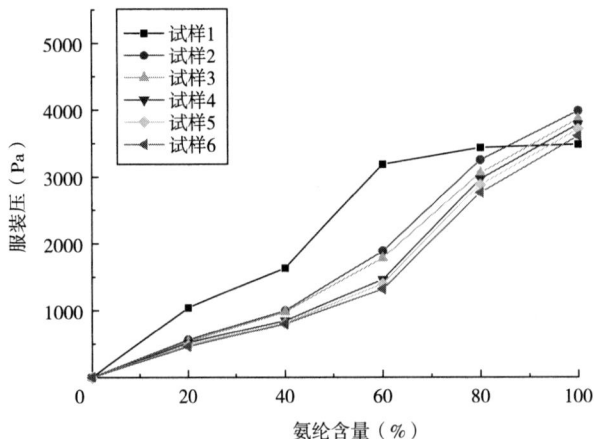

图5-4 试样纵向服装压曲线

从图 5-4 中可以看出，随着织物伸长率的增加，其纵向服装压值也随之增加，伸长率在 0 至 20% 时，服装压有一个较快的增长。当伸长率在 20% 至 40% 时，织物服装压的增长放缓。当其伸长率在约 40% 以上时，又出现一个快速增长。织物初始的服装压快速增长主要由于弹性纱贡献，这与之前讨论的弹性织物的弹性贡献率相关，由第一阶段到第二阶段的转折点也就是织物弹性贡献率，转折点就是对应的弹性贡献率值。当其伸长超过这一数值时，织物中的线圈开始产生伸展，从而使弹性纤维致使织物的压缩应力得以释放，这种释放会放缓服装压的增长，之后伸长所产生的服装压则为弹性纱线的拉伸和线圈的伸展与转移来共同作用形成。

织物的纬向服装压与伸长间的曲线如图 5-5 所示。从图中可以看出织物在纬向的服装压与织物的伸长也呈现明显的正相关关系，由于弹性丝在织物纬向的贡献率表现为负贡献，因此此曲线并未明显地表现出与经向一样的初始快速增长，而基本表现为较为线性的增长趋势。它的增长也主要是由弹性纱和线圈转移来共同实现的。

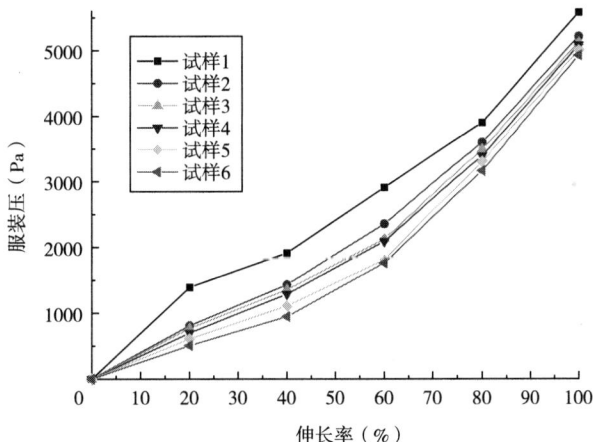

图 5-5　试样横向服装压曲线

5.2.4　氨纶含量对服装压的影响

氨纶是构成弹性针织物弹伸性的主要要素，氨纶可以被认为是一弹性体，其拉伸应力要比线圈部段转移的应力要大得多，因此影响服装压的主要因素就是氨纶弹力丝，氨纶必然会对服装压产生显著的影响。对于含氨纶的织物在纵向及横向都表现出了随着氨纶含量的增加，其服装压增大的规律性，但从曲线图 5-4 和图 5-5 中可以看出，不含氨纶的针织物在各伸长率下的服装压都比含氨织物要大，这主要是由于织物伸长的基点不一样，氨纶织物是受到压缩后开始的拉伸，而未含氨纶的针织物则相对于氨纶织物已经存在一定的伸长。这说明了氨纶弹性针织物不仅比非弹性纱针织物具有更好的弹伸性，而且会有伸长状态下较低的服装压。

图 5-6 和图 5-7 分别显示的是氨纶在各伸长率下氨纶含量与织物纵向及横向服装压

的变化曲线，从图中可以看出，在各伸长率下，随着氨纶含量的增加，织物的服装压也增加，但增加并不明显，因此，氨纶含量是影响弹性针织物服装压的次要因素，其影响甚微，只要有氨纶丝的存在，织物就具有弹性和回弹性，就会形成一定的服装压。

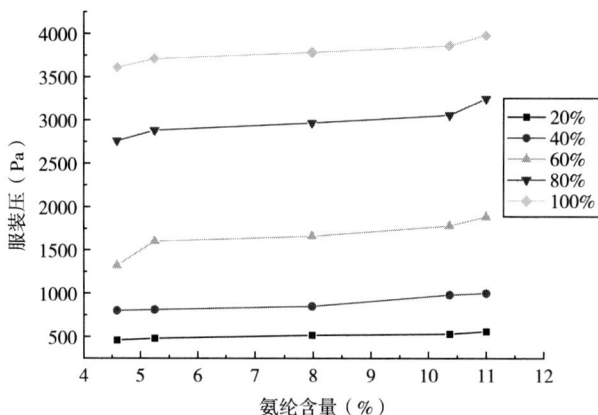

图5-6　氨纶含量与纵向服装压的关系曲线

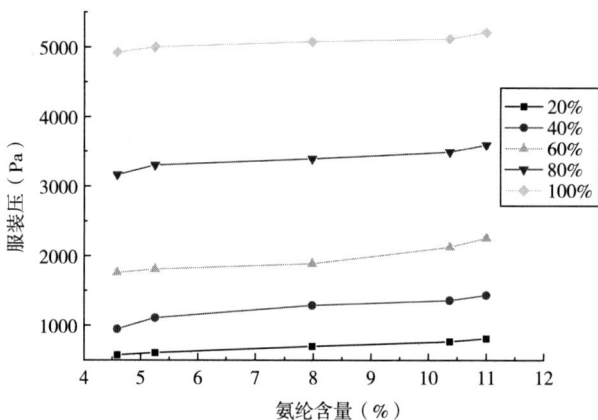

图5-7　氨纶含量与横向服装压的关系曲线

5.3　经编针织物服装压的测试与分析

5.3.1　试样制备

如同前述的测试面料制备方法，将所选面料经测试方法所述的温湿调节后，裁剪成宽 5cm 的矩形，边长留有 1cm 的缝头，矩形长则为缝制成圆筒试样后的周长，按表4-2 中所需的尺寸缝制圆筒形试样。选择 6 种不同的经编弹性针织面料来测试针织物在不同伸长状态下的服装压，试样的基本参数如表 5-5 所示。

表 5-5　试样的基本参数

试样	1	2	3	4	5	6
成分	锦/氨	锦/氨	锦/氨	锦/氨	锦/氨	锦/氨
细度（tex）	2.2/4.4	2.2/4.4	2.2/4.4	4.4/4.4	4.4/5.6	4.4/5.6
氨的含量（%）	22	21	25	14	28	18
组织结构	经平编链	经平绒	经平绒	经平绒	经斜编链	经平绒
克重（g/m²）	110	150	110	160	210	190
厚度（mm）	0.36	0.66	0.48	0.58	0.53	0.61
横密（个/cm）	27.2	29	28.2	27	23.6	28
纵密（个/cm）	22.8	22.4	23.2	19.8	36.4	22

5.3.2　服装压测试

每块试样分别选取四个测试点测试四次，结果取平均值，测试点应避免靠近布边和缝线处。传感器应尽量平放，以确保试验的相对准确性，测试时，数据的读取应保证在 2min 后，5min 以内完成。将每块试样的四个测试值进行平均值计算，测试的最后结果如表 5-6 所示。

表 5-6　试样处于不同延伸率时产生的服装压　　　　　　　单位：Pa

延伸率		20%	40%	60%	80%	100%
试样 1	经向	3430.4	5143.6	7696.7	8411.3	8555.3
	纬向	947.9	3073.1	3463.7	5468.9	5811.5
试样 2	经向	2122.4	4808.9	6973.4	8486.0	8572.6
	纬向	1374.5	2765.1	4618.3	6263.6	7772.7
试样 3	经向	2911.7	5908.9	7767.4	8524.0	8604.6
	纬向	1050.5	2465.1	3863.7	6048.9	7488.6
试样 4	经向	2023.8	4347.6	5850.2	8483.3	8736.6
	纬向	1385.2	2745.2	3410.4	4291.6	6192.8
试样 5	经向	1378.6	4738.3	7344.6	8443.3	8543.3
	纬向	2393.1	5788.3	8044.6	8543.3	8643.3
试样 6	经向	2643.7	4494.3	5998.3	7542.0	8412.6
	纬向	1674.5	2861.2	4002.3	6651.5	8038.0

5.3.3 伸长率对服装压的影响

经编弹性针织物的弹性及延伸性不如纬编组织，加入氨纶弹力丝后，使织物的纵向弹性得以改善。织物受力伸长状态下所产生的服装压，受到织物结构、纱线含量、结构参数等因素的影响。织物在一定伸长状态下的特征可以从伸长率与服装压的曲线来进行分析与讨论，各种伸长率下，6 种织物在经向与纬向上的服装压曲线如图 5-8 ~ 图 5-13 所示。

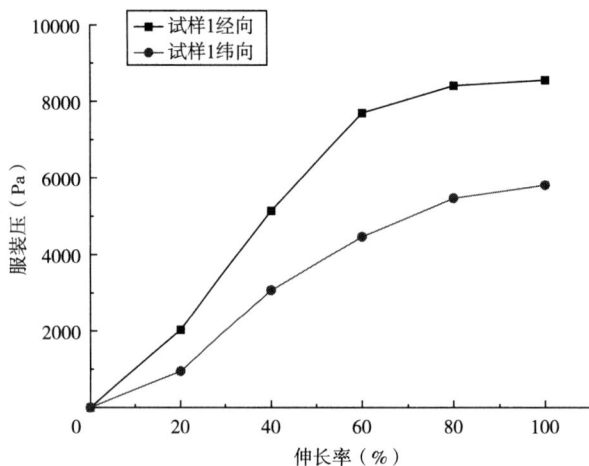

图 5-8　试样 1 经、纬向对比曲线

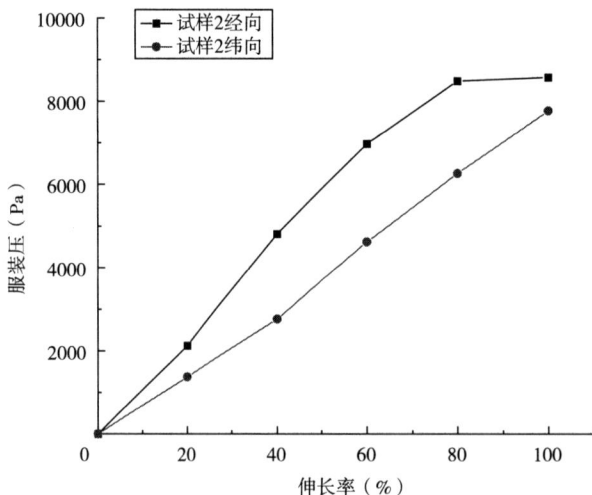

图 5-9　试样 2 经、纬向对比曲线

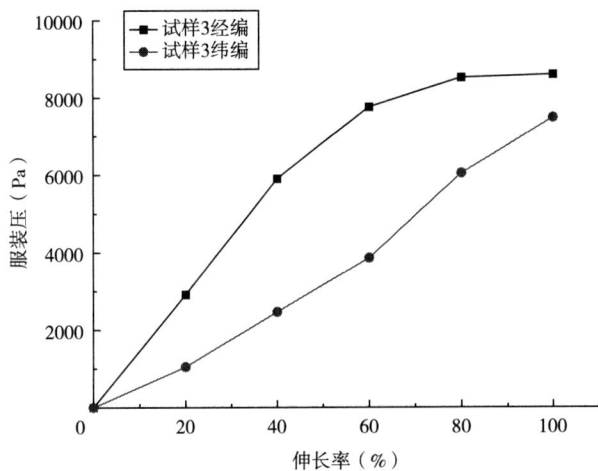

图 5-10　试样 3 经、纬向对比曲线

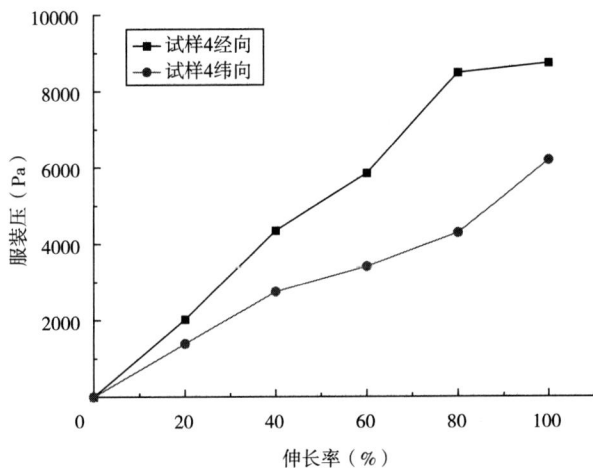

图 5-11　试样 4 经、纬向对比曲线

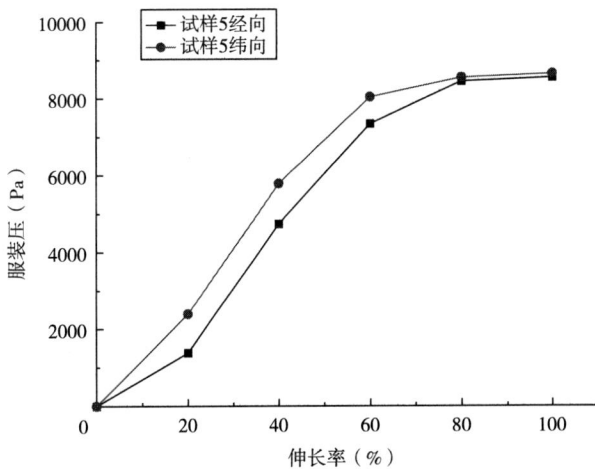

图 5-12　试样 5 经、纬向对比曲线

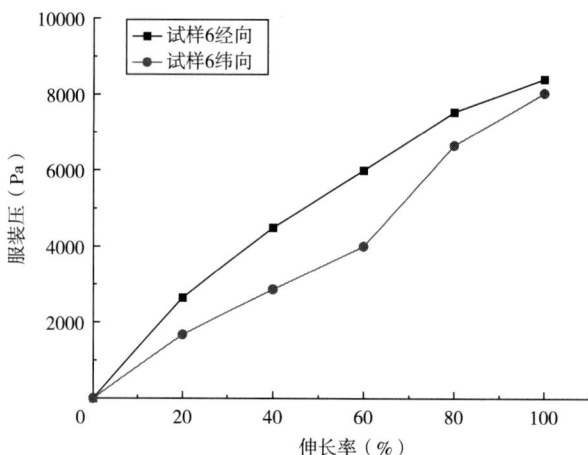

图 5-13 试样 6 经、纬向对比曲线

从图 5-8 至图 5-13 可看出面料所产生的服装压的总体变化趋势是随着织物拉伸伸长率的增加而增加的。在一定的伸长率区间内织物的服装压基本呈现线性增加的趋势，部分织物在到达一定的伸长率后，织物服装压的增加明显趋缓，这说明在低应力条件下，织物的服装压由初期的以弹性纤维贡献为主逐步转变为弹性纤维贡献与线圈转移力贡献的交互作用，因而其服装压呈现出类似于拉伸初期的线性关系，而当拉伸进入线圈转移阶段后，弹性纤维继续保持其服装压的存在，增加的部分则为线圈伸展及转移贡献。从增加趋缓来看，线圈伸展和转移形成的服装压与弹性纤维形成的服装压相比要小得多，这一点可以充分说明低应力状态下，经编弹性针织面料的服装压主要是由弹性纤维贡献的，而在这一伸长区间内，针织物的地纱伸长和线圈转移所需要的力很小，不足以对针织物服装压构成显著影响。

5.3.4 氨纶含量对服装压的影响

在经编弹性织物中，所使用的锦纶也具有较高的弹性，氨纶和锦纶都是构成弹性针织物弹伸性的主要因素，氨纶可以被认为是一弹性体，其拉伸应力要比线圈部段转移的应力大得多，显然，影响服装压的主要因素就是氨纶弹力丝，氨纶对服装压产生显著的影响。图 5-14 和图 5-15 分别显示的是氨纶在各伸长率下氨纶含量与织物纵向及横向服装压的变化曲线。

由于 1 号和 5 号试样中的氨纶结构为单向纵向弹性，对横向服装压的变化趋势有明显的干扰，曲线中它显示的是异常点，尤其是在横向它显示了较高和较低两个极端服装压值，说明结构对服装压的影响更为显著。

剔除掉结构差异的织物及重建另四种织物的氨纶含量与织物服装压的关系，如图 5-16 和图 5-17 所示。从图 5-16 中可以看出，织物在经向上，随着氨纶含量的增加，织物的服装压缓慢地增加，且服装压力越大，氨纶含量的增加还会造成服装压的下降，但下降的幅度仍然非常有限。从图 5-17 中可以看出，随着氨纶含量的增加，织

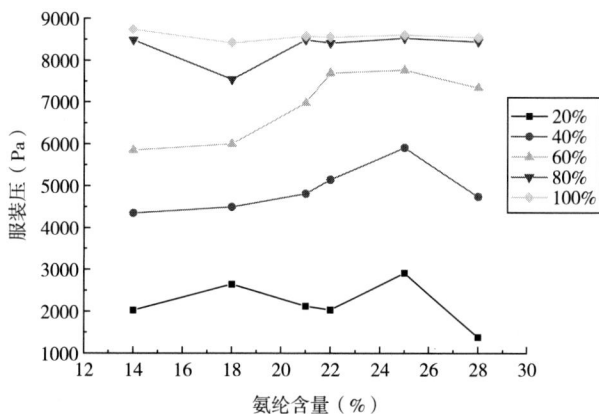

图 5-14　氨纶含量与经向服装压的关系曲线

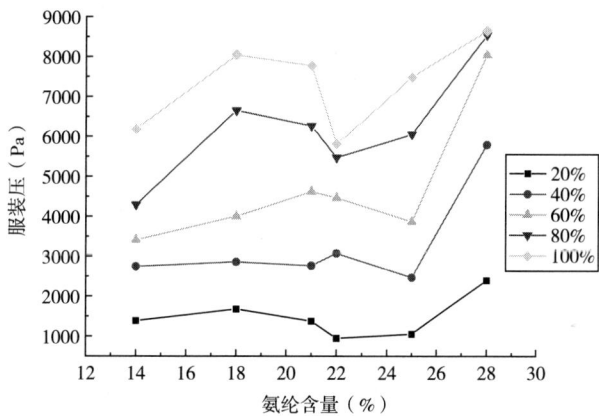

图 5-15　氨纶含量与纬向服装压的关系曲线

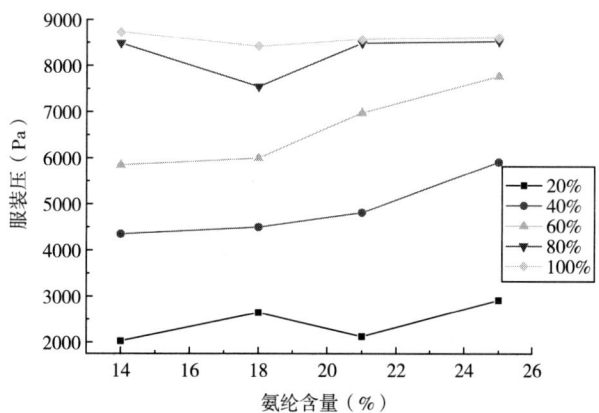

图 5-16　氨纶含量与经向服装压的关系曲线

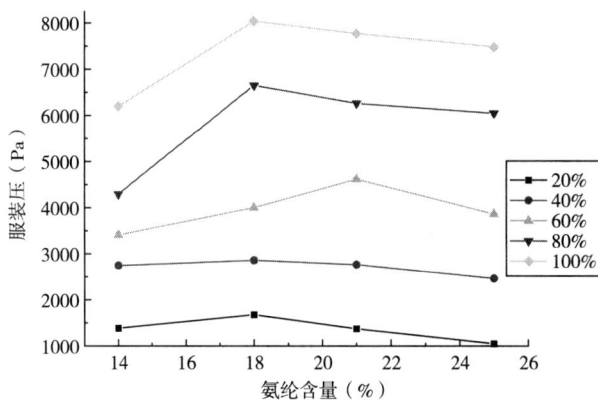

图 5-17 氨纶含量与纬向服装压的关系曲线

物的服装压是先增大，压力总体增减幅度不大，然后减小，说明在同一伸长率下，氨纶含量的增加不总是对服装压有增加，而是达到一定的水平后出现下降的趋势。因此，氨纶含量是影响弹性针织物服装压的次要因素，其影响甚微，只要有氨纶丝的存在，织物就具有弹性和回弹性，就会形成一定的服装压，地组织及氨纶丝的组织结构对服装压的影响是最为显著的。

5.3.5 组织结构对服装压的影响

经编弹性针织物都是由两把或两把以上的梳栉喂纱编织而成，其中一把喂入弹性纱线，另一把或几把梳栉喂入其他纱线。氨纶纱的组织和非弹性纱在织物中的结构会对织物的各项性能产生影响。在此将 6 种试样的服装压与伸长曲线汇聚到一起以寻找组织结构不同所展示的特征差别，如图 5-18 和图 5-19 所示。从对比曲线看，各种织物在经向具有近似的服装压曲线，各曲线之间没有明显的差异，说明弹性纱线在织物的经向都有弹伸性贡献。各织物在横向则表现出明显的差异，即含有氨纶编链结构 5 号织物与其他四种氨纶经平结构的织物具有更高的服装压，而与 5 号织物具有相同的氨纶编链结构的 1 号织物则没有表现出与 5 号织物同样的特征。

以上两种现象可以从织物结构本身的性能得到解释，当织物中各纱线的结构都具有力学弹性的双向性时，无论是弹性纱还是非弹性纱都会以自身的弹性变形和线圈转移而适应拉伸时的结构变化，这时就会表现出压力—伸长曲线的相似相近性；当织物中的氨纶弹性纱只提供单向的弹伸性支持时，如果其他的纱线线圈结构在另一方向提供弹伸性支持，则织物就会表现出双向的弹伸性，其服装压曲线特征就会与双向弹性织物相似和相近，否则，就会表现出明显的单向特征。

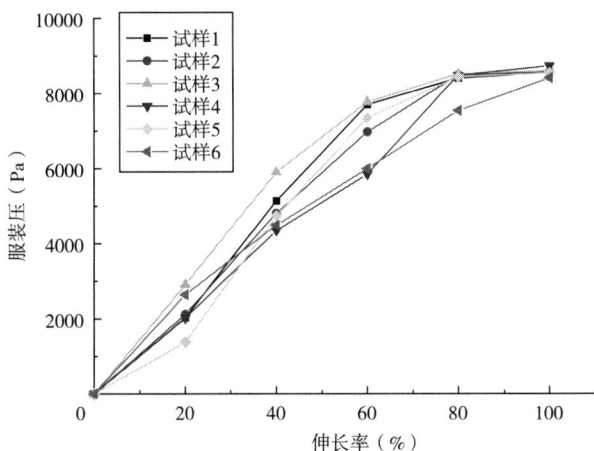

图5-18 各织物经向服装压与伸长率的关系曲线

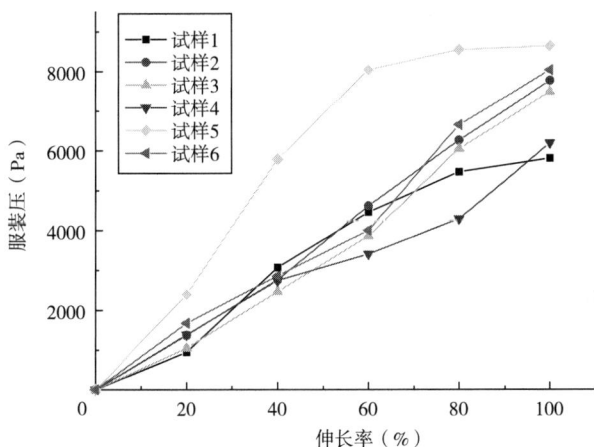

图5-19 各织物纬向服装压与伸长率的关系曲线

5.4　　经编、纬编弹性针织物服装压的对比分析

5.4.1　经编、纬编弹性针织物的服装压总体特征

　　由前面的服装压测试值，可以发现经编弹性针织物的服装压值普遍比纬编弹性针织物高，在此以40%伸长率下的服装压值进行比较，如图5-20、图5-21所示。从图

中我们可以看出，纬编弹性针织物在纬向和经向都比经编弹性针织物的服装压值低，其主要原因是二者线圈结构上的差异，纬编线圈圈弧和圈柱相互间的转移相对容易，而经编的圈干和延展线转移则相对困难。同时经编织物的高氨纶含量贡献给织物的是弹力，也是贡献服装压力的主要因素。

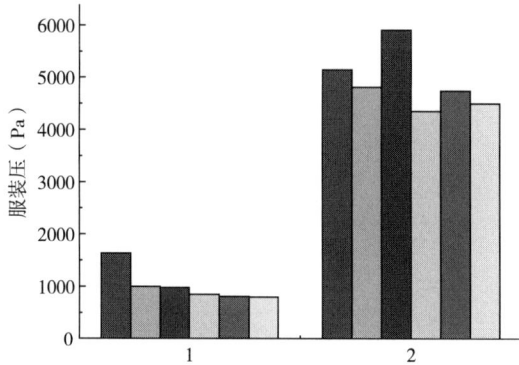

图5-20　经、纬编织物经向服装压值的对比
1—纬向针织物　2—经向针织物

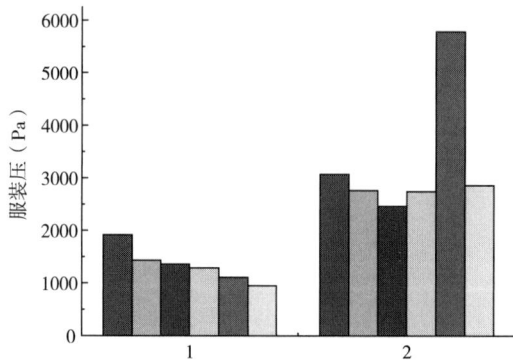

图5-21　经、纬编织物纬向服装压值的对比
1—纬向针织物　2—经向针织物

5.4.2　氨纶含量对服装压影响对比

氨纶含量对经、纬编弹性针织物的服装压影响具备基本一致的规律性，随着氨纶含量的增加，服装压力都呈现增长的趋势，但经编针织物氨纶含量较大时服装压则有下降的趋势。氨纶的加入主要是对织物回弹性的改善，纬编针织物氨纶含量在一定范围内的增加并不会对服装压产生显著影响，同样经编针织物氨纶含量在一定范围内的增加也不会对服装压产生显著影响。

动态服装压的测试系统设计与服装压测试

前面介绍的基于柔性传感的服装压测试系统可以很好地对服装压进行测试，这种测试的特点是可以非常稳定地获得织物在所需要伸长状态下的服装压，通过多个不同拉伸伸长率下的服装压测试，来获得弹性织物服装压的基本规律，所获得的数据直接以服装压显示出来，非常直观。这种测试方法不足的地方主要表现在：①需要的织物比较多，所需的织物取决于测试数据的个数；②测试所需要的时间比较长，每个数据都来源于一次的测试；③测试的服装压是静态的。人体在一天中，形体会发生变化，虽人体高度基本不会发生变化，但人体围度会有明显的变化，那么人体在着装后会因为这些变化而造成服装的适应性变化，其本质带来的是服装压的变化，因此测试服装的动态压力，更能表达服装的服装压等力学性能。

在第 1 章中已经介绍过理论计算法：穿着服装做各种动作时，服装会沿纵向、横向产生形变。若着装时面料某点在经纬方向的曲率半径为 r_1、r_2（cm），张力为 T_1（N/cm）、T_2（N/cm），则该点的服装压可以通过公式 $P = T_1/r_1 + T_2/r_2$ 计算出来。由于人体的各部位较复杂，可以将人体各部位的断面近似看作是一圆形或是椭圆形，当服装穿着在人体上时，面料包围人体，服装会给人体一个表面压力，这时压力会在各个方向趋于一致，对于人体曲面部位，面料变形产生的张力垂直于人体曲面的分解力和由于服装受重力作用而产生的压力。对于平面部位，一般情况下只存在这两种压力形式的其中一种，服装压形成的物理机理如图 5-22

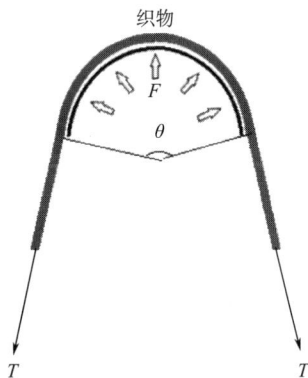

图 5-22 服装压形成机理

所示，F 就是服装压。基于此原理，如果能够求得张力 T，则可以根据织物包围人体的面积来求得服装压 F。

5.5.1 动态服装压的测试系统设计与搭建

为测试简单起见，将测试载体设计为一个圆柱体，来模拟人体的手臂等部位，圆柱体织物载体用表面光滑的不锈钢来制作以减少其摩擦带来压力不均匀的影响，圆柱体载体周长约 19cm，半径为 3cm，织物近似 360° 包围在圆柱体载体上，绕在圆柱体载体上的测试样的两端处于同一方向，测试时会被测试仪的一个夹头夹住，而圆柱体载体的下端横梁则被测试仪的另一个夹头夹住，如图 5-23 所示，图 5-24 所示的是织物在包围圆柱体载体的受力图。

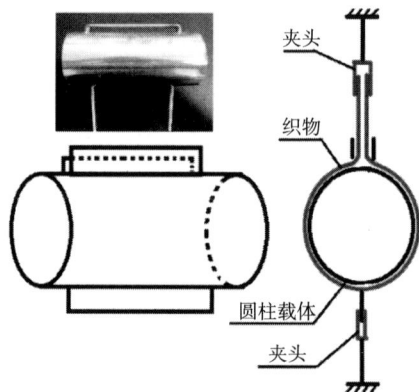

图 5-23　测试载体及测试示意图

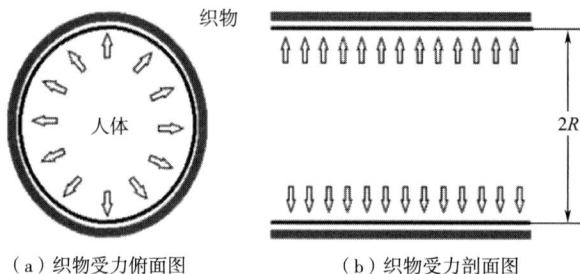

（a）织物受力俯面图　　　　　（b）织物受力剖面图

图 5-24　测试载体及测试示意图

选择 LFY-204T 织物弹性测试仪作为测试平台，该测试仪是用于织物的松弛性、塑性变形性、弹性回复性能测试的专业测试仪，可广泛用于织物的研究、设计和产品检验。也可以选择 YG（B）026-250 型织物电子强力仪，作为测试平台。采用等速伸长测试机理，用压力传感器做测力元件，采用计算机控制，动态显示测试拉伸力值、拉伸伸长、时间。技术指标：测试力值范围：0～5000CN；测试力值精确度：1%拉伸长度范围，也可以根据需要调节。拉伸长度误差：±1mm。拉伸速度在 20～200mm/min，根据需要调节。用弹性测试仪分别从横向和纵向对织物进行单向拉伸（一个方向上拉伸，与拉伸方向垂直的方向上收缩）性能测试。测试样准备：在距离布边 30cm 以上处裁剪试样，每块试样大小为 320mm×50mm，纵向与面料的线圈串套方向平行，横列与线圈连接方向平行，取样时尽可能不使两块试样包含有相同的纵行或横列。实验具体步骤：①将 YG（B）026-250 型电子织物强力仪预热，并裁剪宽度为 5cm、长度为 32cm 的经编弹性针织物；②固定好模型，调节模型顶部与上夹头的距离：5cm，夹持好布样；③设定实验拉伸速度：100mm/min，准备测试；④按"工作"键，拉伸一段时间后按"停止"键，记录拉力、伸长、伸长率；并测量布样上、中、下的长度；⑤重复步骤④直到布样的伸长率达到90%以上；⑥按"上升"键使下夹头回到原点，换新的布样夹持好后重复步骤④⑤。仪器面板及测试样品夹持如图 5-25 所示。

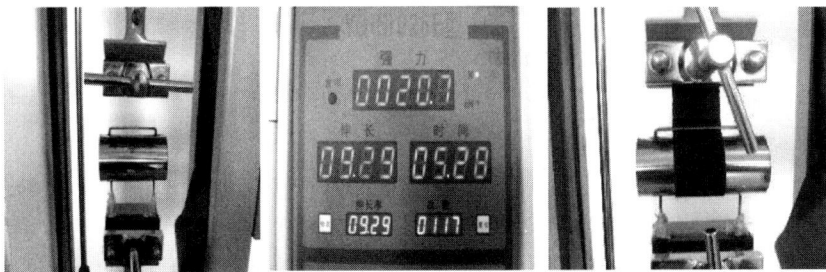

图 5-25　仪器面板及测试样品夹持图

5.5.2　纬编弹性针织物动态服装压的测试

选取单面纬编弹性针织面料，氨纶含量 3%，P_A 为 78 纵行/5cm，P_B 为 115 横列/5cm，厚度为 0.50mm，平方米克重为 233.33g/m²。表 5-7 为纵向拉伸实验测试结果，接触面积及压强为计算所得。

表 5-7　纬编织物纵向拉伸时的服装压

拉伸强力 F（N）	伸长量（mm）	面料与圆柱表面接触的宽度（上、中、下）（cm）	实际伸长量 Δl（mm）	伸长率 ε（%）	实际接触面积 s（cm²）	压强 P（Pa）
5.6	4.2	5.00、5.00、5.10	4.2	2.90	95.46	586
6.2	8.52	5.00、5.00、5.10	12.72	8.77	95.46	650
7.0	10.17	4.90、4.90、5.00	22.89	15.79	93.56	748
7.6	7.94	4.90、4.90、5.00	30.83	21.26	93.56	812
8.4	8.59	4.85、4.85、5.00	39.42	27.19	92.86	904
9.3	8.94	4.80、4.80、4.95	48.36	33.35	91.91	1021
10.2	9.47	4.80、4.80、4.90	57.83	39.88	91.96	1112
11.3	7.99	4.80、4.80、4.90	65.89	45.44	91.96	1232
12.6	9.26	4.75、4.80、4.85	75.08	51.78	91.20	1382
14.4	10.20	4.70、4.70、4.80	85.28	58.81	89.78	1604
16.3	8.82	4.60、4.65、4.80	94.10	64.90	88.83	1834
18.4	8.72	4.55、4.60、4.75	102.82	70.91	87.88	2094
20.5	7.47	4.50、4.50、4.70	110.29	76.06	86.45	2372
22.4	5.60	4.40、4.40、4.65	115.89	79.92	84.79	2642
26.5	10.70	4.30、4.30、4.60	126.59	87.30	84.08	3152

拉伸强力 F（N）	伸长量 （mm）	面料与圆柱表面接触的宽度 （上、中、下）（cm）	实际 伸长量 Δl（mm）	伸长率 ε（%）	实际接触 面积 s （cm^2）	压强 P（Pa）
30.6	8.73	4.20、4.20、4.50	135.32	93.32	81.23	3768
38.2	13.39	4.10、4.10、4.40	148.71	102.56	79.33	4816

　　纬编弹性针织物在纵向拉伸时，服装压与伸长率之间的关系曲线如图 5-26 所示，从图中可以看出，纵向拉伸时，在初始阶段，其压力值基本上出现一个线性缓慢增加，当伸长率达到约 70%时，其压力值出现一个快速增加，出现这种规律的原因是初始阶段线圈各部段伸直并发生部分转移，当这个阶段完成后，沉降弧发生转移，此时线圈转移需要克服纱线摩擦力，表现为大张力小形变的结果。

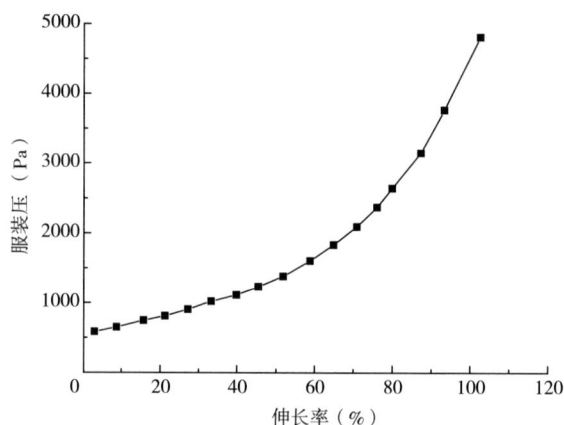

图 5-26　纬编针织物纵向拉伸时的服装压

　　表 5-8 所示为横向拉伸实验测试结果。

表 5-8　纬编织物横向拉伸时的服装压

拉伸强力 F（N）	伸长量 （mm）	面料与圆柱表面接触的宽度 （上、中、下）（cm）	实际伸长量 Δl（mm）	伸长率 ε（%）	实际接触 面积 s（cm^2）	压强 P（Pa）
5.8	3.23	5.00、5.00、5.10	3.23	2.2	95.5	608
6.6	7.74	5.00、5.00、5.10	10.97	7.6	95.5	692
7.5	10.73	5.00、5.00、5.10	21.70	15.0	95.5	796
8.5	8.05	5.00、5.00、5.10	29.75	20.5	95.5	890
9.7	9.34	5.00、5.00、5.10	39.09	27.0	95.5	1016
11.3	11.29	4.90、4.90、5.10	50.38	34.7	94.1	1200
13.1	11.39	4.90、4.90、5.10	61.77	42.6	94.1	1392

拉伸强力 F（N）	伸长量 （mm）	面料与圆柱表面接触的宽度 （上、中、下）（cm）	实际伸长量 Δl（mm）	伸长率 ε（%）	实际接触 面积 s（cm²）	压强 P（Pa）
15.0	10.88	4.90、4.90、5.10	72.65	50.1	94.1	1594
17.0	11.19	4.80、4.90、5.10	83.84	57.8	93.4	1820
18.9	9.13	4.80、4.90、5.10	92.97	64.1	93.4	2042
21.1	9.85	4.80、4.80、5.10	102.82	70.9	92.6	2278
23.4	10.60	4.80、4.80、5.05	113.42	78.2	92.4	2532
25.4	8.12	4.80、4.80、5.05	121.54	83.8	92.4	2750
28.2	9.37	4.70、4.70、5.00	130.91	90.3	90.7	3110
31.8	11.02	4.70、4.70、5.00	141.93	97.9	90.7	3506
32.3	3.64	4.60、4.70、4.90	145.57	100.4	89.8	3596

纬编弹性针织物在横向拉伸时，服装压与伸长率之间的关系曲线如图5-27所示，与纵向拉伸时的服装压相比，在其伸长不超过100%的范围内，服装压没有像纵向拉伸时有一个明显的突变，说明在此伸长率范围内，织物处在线圈部段的转移阶段，相同伸长率下，纵向拉伸的服装压比横向拉伸的服装压更大，此规律符合纬编针织物横向弹伸性比纵向弹伸性更好的特点。

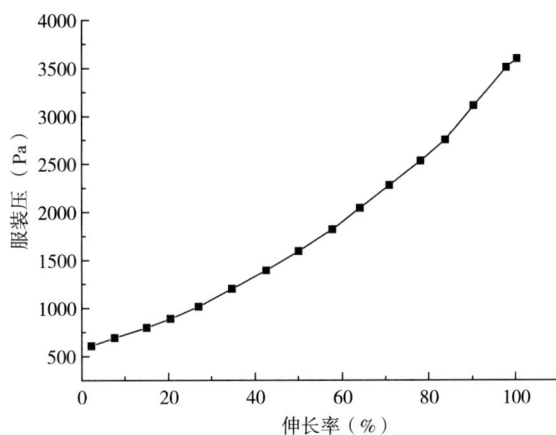

图5-27 纬编针织物横向拉伸时的服装压

5.5.3 经编弹性针织物动态服装压的测试

选取经编弹性针织面料，该面料为锦纶/氨纶经平绒组织针织物，该面料的参数有P_A为135/5cm，P_B为96/5cm，氨纶含量14%，克重160g/m²，厚度0.58mm。表5-9所示为纵向拉伸实验测试结果。

表 5-9　经编织物纵向拉伸时的服装压

序号	伸长率（%）	受力面积（cm²）	服装压（Pa）
1	3.36	97.38	336
2	6.54	95.95	654
3	12.65	95.95	1265
4	18.40	94.53	1840
5	24.26	93.58	2426
6	31.69	92.15	3169
7	37.35	91.68	3735
8	41.90	90.01	4190
9	47.24	89.30	4724
10	52.81	88.83	5281
11	59.76	87.88	5976
12	65.73	86.45	6573
13	74.56	84.79	7456
14	88.08	82.18	8808
15	95.30	80.28	9530

　　经编弹性针织物在纵向拉伸时，服装压与伸长率之间的关系曲线如图 5-28 所示，从图中可以看出，在纵向拉伸时，服装压值与伸长率基本呈线性增加的趋势。由于经编弹性针织物的氨纶含量较高，线圈转移相对较少，因此所贡献的服装压也较少。与纬编织物的纵向服装压相比，经编织物的纵向服装压明显较大，所表现出来的增长规律也不一样。

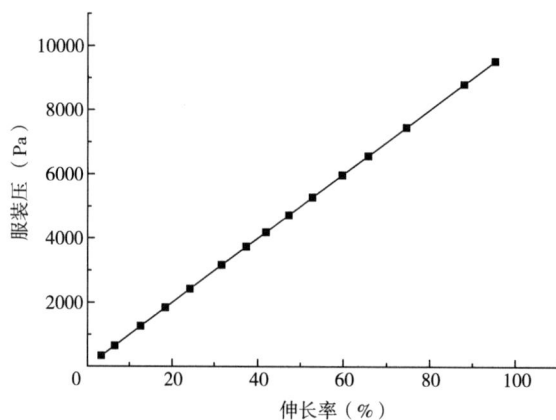

图 5-28　经编针织物纵向拉伸时的服装压

表 5-10 所示为纵向拉伸实验测试结果。

表 5-10　经编织物横向拉伸时的服装压

序号	伸长率（%）	受力面积（cm²）	服装压（Pa）
1	5.55	92.15	771
2	11.20	90.25	993
3	17.07	87.40	1274
4	23.29	86.45	1581
5	29.90	84.55	1931
6	37.36	83.13	2225
7	42.66	82.18	2432
8	49.14	80.75	2696
9	55.02	79.33	2912
10	61.95	76.95	3260
11	66.37	76.95	3428
12	72.45	75.05	3739
13	80.03	71.73	4272
14	86.35	69.35	4734
15	92.03	68.40	5122

　　经编弹性针织物在横向拉伸时，服装压与伸长率之间的关系曲线如图5-29所示，从图中可以看出，在横向拉伸时，服装压值与伸长率基本上呈线性增加的趋势。经编弹性针织物的氨纶含量较高，氨纶贡献了主要的服装压，线圈转移相对较少，因此所贡献的服装压也较少。与纬编织物的横向服装压相比，经编织物的横向服装压明显较大，所表现出来的增长规律也不一样。

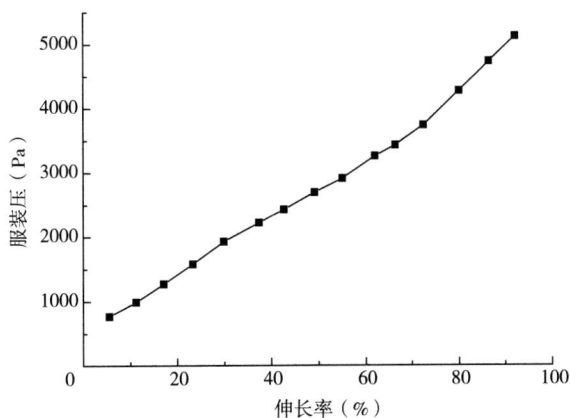

图 5-29　经编针织物横向拉伸时的服装压

通过前面的测试与分析，总体上来说：①在确定服装压设计的基本原则前提下，试制出了基于圆筒试样服装压测试的服装压测试仪，开发出了基于传感器的测试系统，并以直径为 10cm 的承载体实施对弹性针织物的服装压测试，该测试系统可以基于静态下的织物服装压测试。采用本服装压测试仪对 6 种纬编弹性针织面料和 6 种经编弹性针织物进行了服装压的测试，测试结果表明，低应力状态下，织物的服装压随着织物伸长率的增加总体呈线性增长，当织物的伸长达到一定值后，部分织物的服装压呈现很平缓的微量增长，因此可以认为针织物的服装压主要是由织物伸长起主导作用和贡献的，线圈的扭转及转移所形成的服装压与弹性纤维所形成的服装压相比，不构成对服装压增加的显著影响。在影响织物服装压的诸因素中，权重关系依次是组织结构、弹性伸长率和氨纶含量。其中组织结构对服装压的影响不仅表现在绝对值上，还影响到服装压的方向性。②发明了一种仿人体手臂的服装压测试载体，通过拉伸强力测试平台，搭建了动态服装压测试系统，分别对纬编弹性针织物和经编弹性针织物进行了服装压力测试。结果表明：经编弹性针织物相同伸长率下的服装压比纬编弹性针织物大，纬编弹性针织物的纵向服装压比横向大，而经编弹性针织物的横向服装压比纵向大。

第 6 章

针织物服装压有限元模拟

近年来，针织物面料因其良好的延伸性和弹性，已广泛应用于内衣、紧身衣和运动服等服装的制作。但是，人体在穿着高弹性针织面料服装时，若尺寸过小，人体就会感受到束缚压迫；若服装压过大，人体的运动为克服这种阻力势必需要做很大的无效功，会影响到人体的呼吸、脉搏及血液循环。因此确定一个合适的服装压，或以服装压为服用性能指标来确定弹性织物编织工艺、织物组织结构、裁剪工艺是非常有必要的。借助有限元软件 ANSYS，对针织物面料拉伸力学性能进行计算机模拟，能够获得传统对服装压评价方法难以得到的结果，从而对针织物结构实施优化设计，改善针织面料的舒适性能。

6.1　有限元分析法简介

6.1.1　基本方法

有限元法（Finite Element Analysis，FEA）的基本概念是用较简单的问题代替复杂问题后再求解。其核心思想是结构的离散化，就是将实际结构假象地离散为有限数目的规则力学单元组合体。由于单元能够按不同的连接方式进行组合，且单元本身又可以有不同的形状，因此可以重复单元结构来模型化几何形状复杂的求解域。通过对力学单元提出假设的近似函数，使实际结构的物理性能可以通过对离散体进行分析，得出满足工程精度的近似结果来代替对实际结构的分析，这样可以解决很多实际工程需要解决而理论又无法解决的复杂问题。

6.1.2　具体操作

有限元作为一种数值分析方法，在连续介质力学的基础上，对每个单元、节点进行分析，建立求解方程组，最后通过计算机程序，得出该方程组的近似解，必要时会对此近似解进行收敛性修正。有限元具体操作步骤是：

①物体离散化，即把复杂的结构拆分为若干个形状简单的单元，这些单元一般要小到可以用简单的数字模型来描述特征参数在其中的分布。

②单元特性分析，即通过对单元的研究来建立各特性参数间关系方程的过程。

③单元组集，在单元分析的基础上，利用平衡条件和连续条件，将各个单元拼接成整体结构。

④整体分析，对整体在确定边界条件下进行分析，从而得到整体的参数关系方程组，即矩阵方程。

⑤解该类矩阵方程，即可得到各种参数在整体结构中的分布。

6.1.3　应用软件及 ANSYS 特点

有限元分析法作为一种数值计算方法已经在工程技术的许多领域得到广泛的应用并获得巨大成功，不仅表现在有限元理论的逐步完善，还表现在与计算机的结合，已开发出了大量用之有效的有限元通用软件，使有限元计算变得更为精确、可靠，使用较为广泛软件的有 ANSYS、ABAQUS、ALGOR、STRAND、DIANA 等。本文运用的 ANSYS（Analysis System）软件是美国 ANSYS 公司的大型通用有限元分析（Finite Element Analysis，FEA）软件，它是一种融结构、热、流体、电磁和声学于一体的大型 CAE 通用有限元分析软件，它可在大多数计算机及操作系统上运行。用 ANSYS 软件处理有限元问题时，建立有限元模型并求解后，再用后处理器处理才能显示和输出结果。

6.2　有限元分析方法在纺织上的应用

有限元技术应用于纺织领域的研究主要是在 20 世纪 80 年代，早先研究比较多的是纺织机件的结构力学分析，后来逐步扩展到纤维、纱线织物等柔性材料的分析。目前主要应用在纺织机件、织物结构、复合材料的力学分析，以及各种流场问题的分析。有限元分析技术最早就是从结构化矩阵分析发展而来，逐步推广到板、壳和实体等连续体固体力学分析，只要用于离散求解对象的单元足够小，所得的解就可足够逼近于精确值，实践证明这是一种非常有效的数值分析方法。

6.2.1　纺织机件与织物结构的有限元分析

纺织机件的结构力学是有限元分析技术应用最多的一个领域，几乎可以对各类纺织机件进行分析模拟，如梳棉机盖板的变形分析、片梭织机扭轴的力学分析等。织物的力学结构分析远要比纺织机件的结构力学分析复杂，因为其结构的大位移、大应变属非线性问题；依靠线性理论求解误差很大，只有采用非线性有限元算法才能解决。除此之外，顾伯洪等讨论了具有这些特点的织物受力变形及其分析计算的有限元方法。该方法可以推广到任意类型织物的拉伸性能计算，首先在本文中进行机织物拉伸性能模拟计算。顾伯洪也对非织造布拉伸性能的有限元方法问题，提出了采用九结点四边形等单元划分织物进行模拟计算，为非线性有限元技术在纺织中的进一步深入应用进行了有益的尝试。

6.2.2　复合材料的有限元分析

纤维增强复合材料和立体织物增强复合材料是近三十年发展起来的性能优越的结构材料。有限元法在复合材料的力学分析中应用广泛。复合材料是由两种或两种以上的单一材料，用物理的或化学的方法经人工复合而成的一种固体材料。应用有限元分析技术对此类构件进行分析，除了可以优化设计，降低材料的消耗，还能够模拟各种试验方案，达到缩短时间、节约经费以及在产品制造前预先发现潜在问题的目的。

6.2.3　流体力学的有限元分析

有限元分析技术不仅可应用在固体结构的力学分析中，在流体力学等问题的求解计算中也发挥着巨大作用。例如，研究涡流纺流场中气流如何使纱体产生变形，纱体的变形又如何影响气流的运动等交叉学科类的问题。

6.3　针织物服装压有限元模型

6.3.1　基本假设

在三维服装压的研究中，有限元方法由于不受几何外形、材料性能和接触体变形方式的局限而得到最广泛的应用。使用有限元方法，复杂的接触问题能得以通过简单的方程式系统来求解。人体在穿着过程中，当人体皮肤受到针织物垂直于面层的压迫作用时，由于弹性针织物结构特殊，针织物中的弹性体成为施压的主体，针织物的拉伸强度和弹性恢复性决定了织物的弹性性能，因此对针织物服装压的结构研究中，针织物的弹性特性是研究的重点。为简化模型，在建模之前进行如下假设。

①由于针织物拉伸过程中织物的拉伸性能是研究重点，假设服装为薄的弹性壳体，且材料线性，几何非线性，针织物厚度方向的应力为零。

②身体和服装之间是动态协调接触，因为接触表面是和身体、服装的有效表面相关的，忽略身体和服装之间的摩擦。

③针织物线圈在拉伸过程中，线圈接触点之间的滑移量一致。

6.3.2　有限元理论

有限元法是把要分析的连续体假想地分割成有限个单元所组成的组合体，简称离散化。这些单元仅在顶角处相互连接，称这些连接点为结点。离散化的组合体与真实弹性体的区别在于，组合体中单元与单元之间的连接除了结点之外再无任何关联。但是这种连接要满足变形协调的条件，既不能出现裂缝，也不允许发生重叠。显然，单元之间只能通过结点来传递内力。通过结点来传递的内力称为结点力，作用在结点上的荷载称为结点荷载。当连续体受到外力作用发生变形时，组成它的各个单元也将发生变形，因而各个结点要产生不同程度的位移，这种位移称为结点位移。在有限元中，常以结点位移作为基本未知量。并对每个单元根据分块近似的思想，假设一个简单的函数近似地表示单元内位移的分布规律，再利用力学理论中的变分原理或其他方法，建立结点力与位移之间的力学特征关系，得到一组以结点位移为未知量的代数方程，从而求解结点的位移分量。然后利用插值函数确定单元集合体上场函数。显然，如果单元满足问题的收敛性要求，那么随着缩小单元的尺寸，增加求解区域内单元的数目，解的近似程度将不断改进，近似解最终将收敛于精确解。

单胞模型使用 ANSYS 单元库中的梁单元 Beam 188，该单元为两节点 3 维梁单元，具有 2 个节点，每个节点有 6 个自由度，包括沿 X、Y 和 Z 轴的移动和旋转，横梁末端部分的力是从矢量力元素中获得的，如式（6-1）所示。

$$\overline{P} = [-N_1 \ -V_1 \ -M_1 N_2 V_2 M_2]^T \tag{6-1}$$

根据式（6-1）计算得出式（6-2）：

$$\overline{P} = \overline{K}^e G a^e + \overline{C}^e G \dot{a}^e + \overline{M}^e G \ddot{a}^e \tag{6-2}$$

矩阵 K^e 和矩阵 G 描述的是横梁 $2e$，矩阵 M^e 和 C^e 描述横梁 $2d$。

节点位移为：$a^e = [u_1 u_2 u_3 u_4 u_5 u_6]^T$。

横梁 $2e$ 同时确定了节点速度的方向：$\dot{a}^e = [\dot{u}_1 \dot{u}_2 \dot{u}_3 \dot{u}_4 \dot{u}_5 \dot{u}_6]^T$。

节点加速度：$\ddot{a}^e = [\ddot{u}_1 \ddot{u}_2 \ddot{u}_3 \ddot{u}_4 \ddot{u}_5 \ddot{u}_6]^T$。

注意 a^e，$\dot{a}^e$ 和 $\ddot{a}^e$ 的转置矩阵分别存在于 ed，ev 和 ea 中。

目的：计算三维横梁单元的单元刚度矩阵。

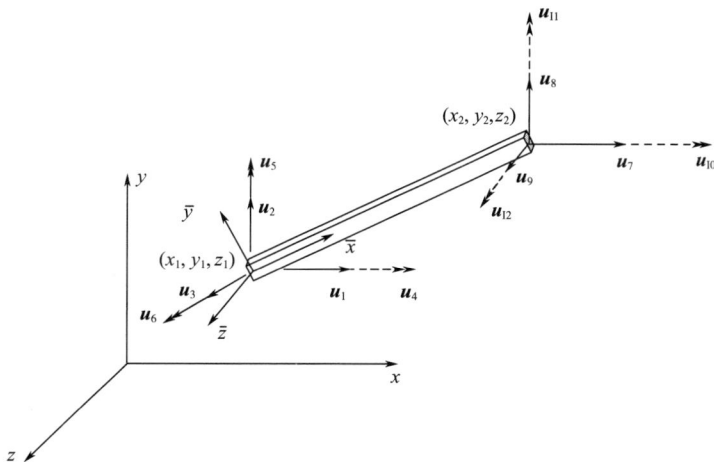

排序：$\boldsymbol{K}^e = $ beam3e（$\boldsymbol{ex}$, $\boldsymbol{ey}$, $\boldsymbol{ez}$, $\boldsymbol{eo}$, $\boldsymbol{ep}$）

$[\boldsymbol{K}^e, \boldsymbol{f}^e] = $ beam3e（$\boldsymbol{ex}$, $\boldsymbol{ey}$, $\boldsymbol{ez}$, $\boldsymbol{eo}$, $\boldsymbol{ep}$, $\boldsymbol{eq}$）

描述：横梁 3e 为三维横梁单元提供了球形单元刚度矩阵 $\boldsymbol{K}^e$

输入变量：

$\boldsymbol{ex} = [x_1 x_2]$；$\boldsymbol{ex} = [y_1 y_2]$；$\boldsymbol{eo} = [x_{\bar z} y_{\bar z} z_{\bar z}]$；$\boldsymbol{ex} = [z_1 z_2]$；

确定单元节点坐标 x_1，y_1 等以及原横梁坐标系$(\bar x, \bar y, \bar z)$ 的方向。通过给出一个与 $\bar z$ 轴正向平行的球形矢量（$x_{\bar z}$，$y_{\bar z}$，$z_{\bar z}$），确定原横梁坐标系。

变量：$EP = [EGAI_{\bar y} I_{\bar z} K_v]$

给出弹性模量 E，剪切模量 G，横截面积 A，关于 $\bar y$ 轴的转动惯量 I_y，关于 $\bar z$ 轴的转动惯量 I_z 及扭转刚度 K_v。如果均匀分布载荷应用于各元素，则负荷向量元素 $\boldsymbol{f}^e$ 也可以计算出来。可选择性向量输入：$\boldsymbol{eq} = [q_{\bar x}, q_{\bar y}, q_{\bar z}, q_{\bar w}]$。然后输入分布载荷。$q_{\bar x}$，$q_{\bar y}$，$q_{\bar z}$ 轴的正向与原横梁坐标系一致。如果以原横梁坐标系中 $\bar x$ 轴向为导向，则分布式矩阵 $q_{\bar w}$ 为正向，$\bar y$，$\bar z$ 轴同理。所有载荷均为单位长度。

硬度 $\boldsymbol{K}^e$ 的矩阵通过式（6-3）计算得到：

$$\boldsymbol{K}^e = \boldsymbol{G}^T \overline{\boldsymbol{K}}^e \boldsymbol{G} \tag{6-3}$$

公式（6-3）中：

$$\overline{\boldsymbol{K}}^e = \begin{bmatrix}
k_1 & 0 & 0 & 0 & 0 & 0 & -k_1 & 0 & 0 & 0 & 0 & 0 \\
0 & \dfrac{12EI_{\bar z}}{L^3} & 0 & 0 & 0 & \dfrac{6EI_{\bar z}}{L^2} & \dfrac{12EI_{\bar z}}{L^3} & 0 & 0 & 0 & 0 & \dfrac{6EI_{\bar z}}{L^2} \\
0 & 0 & \dfrac{12EI_{\bar y}}{L^3} & 0 & -\dfrac{12EI_{\bar y}}{L^2} & 0 & 0 & 0 & \dfrac{12EI_{\bar y}}{L^3} & 0 & \dfrac{6EI_{\bar y}}{L^2} & 0 \\
0 & 0 & 0 & k_2 & 0 & 0 & 0 & 0 & 0 & -k_2 & 0 & 0 \\
0 & 0 & -\dfrac{6EI_{\bar y}}{L^2} & 0 & \dfrac{4EI_{\bar y}}{L} & 0 & 0 & 0 & \dfrac{6EI_{\bar y}}{L^2} & 0 & \dfrac{2EI_{\bar y}}{L} & 0 \\
0 & \dfrac{6EI_{\bar z}}{L^2} & 0 & 0 & 0 & \dfrac{4EI_{\bar z}}{L} & 0 & -\dfrac{6EI_{\bar z}}{L^2} & 0 & 0 & 0 & \dfrac{2EI_{\bar z}}{L} \\
-k_1 & 0 & 0 & 0 & 0 & 0 & k_1 & 0 & 0 & 0 & 0 & 0 \\
0 & -\dfrac{12EI_{\bar z}}{L^3} & 0 & 0 & 0 & -\dfrac{6EI_{\bar z}}{L^2} & 0 & \dfrac{12EI_{\bar z}}{L^3} & 0 & 0 & 0 & -\dfrac{6EI_{\bar z}}{L^2} \\
0 & 0 & -\dfrac{12EI_{\bar y}}{L^3} & 0 & \dfrac{6EI_{\bar y}}{L^2} & 0 & 0 & 0 & \dfrac{12EI_{\bar y}}{L^3} & 0 & \dfrac{6EI_{\bar y}}{L^2} & 0 \\
0 & 0 & 0 & -k_2 & 0 & 0 & 0 & 0 & 0 & k_2 & 0 & 0 \\
0 & 0 & -\dfrac{6EI_{\bar y}}{L^2} & 0 & \dfrac{2EI_{\bar y}}{L} & 0 & 0 & 0 & \dfrac{6EI_{\bar y}}{L^2} & 0 & \dfrac{4EI_{\bar y}}{L} & 0 \\
0 & \dfrac{12EI_{\bar z}}{L^3} & 0 & 0 & 0 & \dfrac{2EI_{\bar z}}{L} & 0 & \dfrac{6EI_{\bar z}}{L^2} & 0 & 0 & 0 & \dfrac{4EI_{\bar z}}{L}
\end{bmatrix}$$

注：$k_1 = \dfrac{EA}{L}$，$k_2 = \dfrac{GK_v}{L}$

$$G = \begin{bmatrix} n_{x\bar{x}} & n_{y\bar{x}} & 0 & 0 & 0 & 0 & 0 & 0 & 0 & 0 & 0 \\ n_{x\bar{y}} & n_{y\bar{y}} & 0 & 0 & 0 & 0 & 0 & 0 & 0 & 0 & 0 \\ n_{x\bar{y}} & n_{y\bar{z}} & 0 & 0 & 0 & 0 & 0 & 0 & 0 & 0 & 0 \\ 0 & 0 & n_{x\bar{x}} & n_{y\bar{x}} & n_{z\bar{x}} & 0 & 0 & 0 & 0 & 0 & 0 \\ 0 & 0 & n_{x\bar{y}} & n_{y\bar{y}} & n_{z\bar{y}} & 0 & 0 & 0 & 0 & 0 & 0 \\ 0 & 0 & n_{x\bar{z}} & n_{y\bar{z}} & n_{z\bar{z}} & 0 & 0 & 0 & 0 & 0 & 0 \\ 0 & 0 & 0 & 0 & 0 & n_{x\bar{x}} & n_{y\bar{x}} & n_{z\bar{x}} & 0 & 0 & 0 \\ 0 & 0 & 0 & 0 & 0 & n_{x\bar{y}} & n_{y\bar{y}} & n_{z\bar{y}} & 0 & 0 & 0 \\ 0 & 0 & 0 & 0 & 0 & n_{x\bar{z}} & n_{y\bar{z}} & n_{z\bar{z}} & 0 & 0 & 0 \\ 0 & 0 & 0 & 0 & 0 & 0 & 0 & 0 & n_{x\bar{x}} & n_{y\bar{x}} & n_{z\bar{x}} \\ 0 & 0 & 0 & 0 & 0 & 0 & 0 & 0 & n_{x\bar{y}} & n_{x\bar{y}} & n_{z\bar{y}} \\ 0 & 0 & 0 & 0 & 0 & 0 & 0 & 0 & n_{x\bar{z}} & n_{x\bar{z}} & n_{z\bar{z}} \end{bmatrix}$$

长度 L 依据如下公式计算：

$$L = \sqrt{(x_2 - x_1)^2 + (y_2 - y_1)^2 + (z_2 - z_1)^2}$$

在变形矩阵 G 中，$n_{x\bar{x}}$ 定义为 x 轴和 $\bar{x}$ 轴的夹角的余弦值。

矢量负荷 f_l^e，记作 f_e，依据式（6-4）计算得出：

$$f_l^e = G^T \bar{f}_l^e \tag{6-4}$$

公式（6-4）中

$$\bar{f}_l^e = \begin{bmatrix} \dfrac{q_{\bar{x}}L}{2} \\[2mm] \dfrac{q_{\bar{y}}L}{2} \\[2mm] \dfrac{q_{\bar{z}}L}{2} \\[2mm] \dfrac{q_{\bar{w}}L}{2} \\[2mm] -\dfrac{q_{\bar{z}}L^2}{12} \\[2mm] \dfrac{q_{\bar{y}}L^2}{12} \\[2mm] \dfrac{q_{\bar{x}}L}{2} \\[2mm] \dfrac{q_{\bar{y}}L}{2} \\[2mm] \dfrac{q_{\bar{z}}L}{2} \\[2mm] \dfrac{q_{\bar{w}}L}{2} \\[2mm] \dfrac{q_{\bar{z}}L^2}{12} \\[2mm] -\dfrac{q_{\bar{y}}L^2}{12} \end{bmatrix}$$

目标：计算三维横梁横截面的应力。

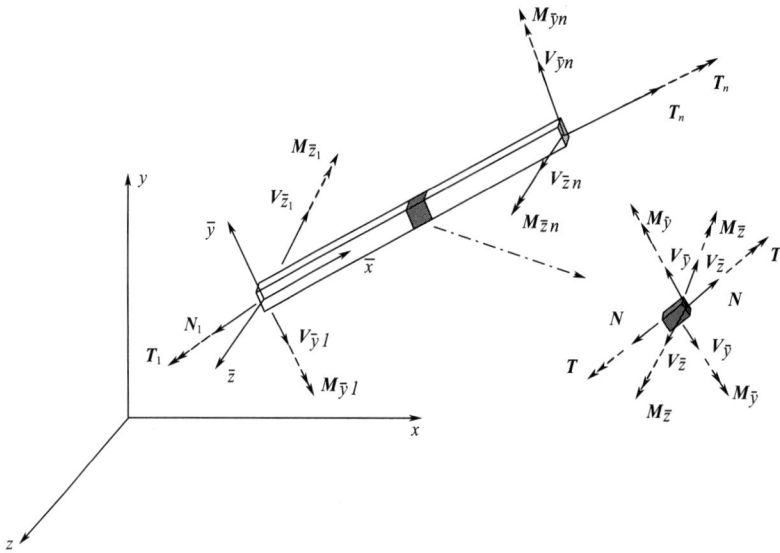

排列：

$es = \mathrm{beam3}s(ex, ey, ez, eo, ep, ed)$

$es = \mathrm{beam3}s(ex, ey, ez, eo, ep, ed, eq)$

$[es, edi, eci] = \mathrm{beam3}s(ex, ey, ez, eo, ep, ed, eq, n)$

说明：

beam3s 计算了横截面应力和在 beam3e 方向上的移位量。

输入的变量 ex、ey、ez、eo 以及在 beam3e 基础上定义的 ep 还有记作 ed 的移位量，都可由该结果输出。如果分布负荷遵循该原理，则可得出变量 eq。横应力和移位量的测量点的数目由 n 决定。如果省略 n，则只能计算该横梁的端点。

输出变量：

$es = \begin{bmatrix} N & V_{\bar{y}} & V_{\bar{z}} & T & M_{\bar{y}} & M_{\bar{z}} \end{bmatrix}$

$edi = \begin{bmatrix} \bar{u} & \bar{v} & \bar{w} & \bar{\varphi} \end{bmatrix}$

$eci = \begin{bmatrix} \bar{x} \end{bmatrix}$

是由横截面应力，移位量以及 $\bar{x}$ 轴的测试点组成的列矩阵。显式矩阵为：

$$es = \begin{bmatrix} N_1 V_{\bar{y}1} & V_{\bar{z}1} & T & M_{\bar{y}1} & M_{\bar{z}1} \\ N_2 V_{\bar{y}2} & V_{\bar{z}2} & T & M_{\bar{y}2} & M_{\bar{z}2} \\ \vdots \ \vdots & \vdots & \vdots & \vdots & \vdots \\ N_n V_{\bar{y}n} & V_{\bar{z}n} & T & M_{\bar{y}n} & M_{\bar{z}n} \end{bmatrix}$$

$$edi = \begin{bmatrix} \bar{u}_1 \bar{v}_1 & \bar{w}_1 \bar{\varphi}_1 \\ \bar{u}_2 \bar{v}_2 & \bar{w}_2 \bar{\varphi}_2 \\ \vdots \ \vdots & \vdots \ \vdots \\ \bar{u}_n \bar{v}_n & \bar{w}_n \bar{\varphi}_n \end{bmatrix} \qquad eci = \begin{bmatrix} 0 \\ \bar{x}_2 \\ \vdots \\ \bar{x}_{n-1} \\ L \end{bmatrix}$$

其中，L 为横梁的长度。

原理：

评价截面力的依据是解基本方程：

$$\begin{cases} EA\dfrac{\mathrm{d}^2\bar{u}}{\mathrm{d}\bar{x}^2} + q\bar{x} = 0 \\[2mm] EI_z\dfrac{\mathrm{d}^4\bar{v}}{\mathrm{d}\bar{x}^4} - q\bar{y} = 0 \\[2mm] EI_y\dfrac{\mathrm{d}^4\bar{w}}{\mathrm{d}\bar{x}^4} - q\bar{z} = 0 \\[2mm] GK_v\dfrac{\mathrm{d}^2\bar{\varphi}}{\mathrm{d}\bar{x}^2} + q\bar{w} = 0 \end{cases}$$

从这些方程可以得到沿梁方向的位移，作为同质和特殊的解的总和，如式（6-5）所示。

$$\boldsymbol{u} = \begin{bmatrix} \bar{u}(\bar{x}) \\ \bar{v}(\bar{x}) \\ \bar{w}(\bar{x}) \\ \bar{\varphi}(\bar{x}) \end{bmatrix} = \boldsymbol{u}_h + \boldsymbol{u}_p \tag{6-5}$$

式（6-5）中：

$$\boldsymbol{u}_p = \overline{\boldsymbol{N}}\boldsymbol{C}^{-1}\boldsymbol{G}a^e$$

$$\boldsymbol{u}_p = \begin{bmatrix} \bar{u}_p(\bar{x}) \\ \bar{v}_p(\bar{x}) \\ \bar{w}_p(\bar{x}) \\ \bar{\varphi}_p(\bar{x}) \end{bmatrix} = \begin{bmatrix} \dfrac{q_{\bar{x}}L_{\bar{x}}}{2EA}\left(1 - \dfrac{\bar{x}}{L}\right) \\[3mm] \dfrac{q_{\bar{y}}L^2\bar{x}^2}{24EI_z}\left(1 - \dfrac{\bar{x}}{L}\right)^2 \\[3mm] \dfrac{q_{\bar{z}}L^2\bar{x}^2}{24EI_y}\left(1 - \dfrac{\bar{x}}{L}\right)^2 \\[3mm] \dfrac{q_{\bar{w}}L\bar{x}}{2GK_v}\left(1 - \dfrac{\bar{x}}{L}\right) \end{bmatrix}$$

$$\overline{\boldsymbol{N}} = \begin{bmatrix} 1 & \bar{x} & 0 & 0 & 0 & 0 & 0 & 0 & 0 & 0 & 0 & 0 \\ 0 & 0 & 1 & \bar{x} & \bar{x}^2 & \bar{x}^3 & 0 & 0 & 0 & 0 & 0 & 0 \\ 0 & 0 & 0 & 0 & 0 & 0 & 1 & \bar{x} & \bar{x}^2 & \bar{x}^3 & 0 & 0 \\ 0 & 0 & 0 & 0 & 0 & 0 & 0 & 0 & 0 & 0 & 1 & \bar{x} \end{bmatrix}$$

$$\boldsymbol{C} = \begin{bmatrix} 1 & 0 & 0 & 0 & 0 & 0 & 0 & 0 & 0 & 0 & 0 & 0 \\ 0 & 0 & 1 & 0 & 0 & 0 & 0 & 0 & 0 & 0 & 0 & 0 \\ 0 & 0 & 0 & 0 & 0 & 0 & 1 & 0 & 0 & 0 & 0 & 0 \\ 0 & 0 & 0 & 0 & 0 & 0 & 0 & 0 & 0 & 0 & 1 & 0 \\ 0 & 0 & 0 & 0 & 0 & 0 & 0 & 1 & 0 & 0 & 0 & 0 \\ 0 & 0 & 0 & 1 & 0 & 0 & 0 & 0 & 0 & 0 & 0 & 0 \\ 1 & L & 0 & 0 & 0 & 0 & 0 & 0 & 0 & 0 & 0 & 0 \\ 0 & 0 & 1 & L & L^2 & L^3 & 0 & 0 & 0 & 0 & 0 & 0 \\ 0 & 0 & 0 & 0 & 0 & 0 & 1 & L & L^2 & L^3 & 0 & 0 \\ 0 & 0 & 0 & 0 & 0 & 0 & 0 & 0 & 0 & 0 & 1 & L \\ 0 & 0 & 0 & 0 & 0 & 0 & 0 & 1 & 2L & 3L^2 & 0 & 0 \\ 0 & 0 & 0 & 1 & 2L & 3L^2 & 0 & 0 & 0 & 0 & 0 & 0 \end{bmatrix} \qquad a^e = \begin{bmatrix} u_1 \\ u_2 \\ u_3 \\ u_4 \\ u_5 \\ u_6 \\ u_7 \\ u_8 \\ u_9 \\ u_{10} \\ u_{11} \\ u_{12} \end{bmatrix}$$

变换矩阵 $\boldsymbol{G}^e$ 和节点位移 $\boldsymbol{a}^e$ 在轴 $3e$ 中描述。需要注意的是转置矩阵 a^e 存储在 ed 中。最后可得到部分力：

$$N = EA\frac{\mathrm{d}\bar{u}}{\mathrm{d}\bar{x}} \qquad V_{\bar{y}} = -EI_z\frac{\mathrm{d}^3\bar{v}}{\mathrm{d}\bar{x}^3} \qquad V_{\bar{z}} = -EI_y\frac{\mathrm{d}^3\bar{w}}{\mathrm{d}\bar{x}^3}$$

$$T = GK_v\frac{\mathrm{d}\bar{\varphi}}{\mathrm{d}\bar{x}} \qquad M_{\bar{y}} = EI_y\frac{\mathrm{d}^2\bar{w}}{\mathrm{d}\bar{x}^2} \qquad M_{\bar{z}} = EI_z\frac{\mathrm{d}^2\bar{v}}{\mathrm{d}\bar{x}^2}$$

6.4   针织物拉伸基本模型建立

6.4.1   几何模型

模型材料为面纱 14.58tex，假设面纱为 bilinear plastic，将面纱的拉伸载荷位移曲线导入到 Ansys 中，程序可以自动获取材料参数并参与运算。针织物线圈具有特殊的立体结构，一般认为它由三个部分构成，即线圈针编弧、圈柱和沉降弧，其中线圈之间相互圈套，形成一个整体结构。由于针织物线圈在成圈过程中受纱线内部应力的影响，纱线弯曲产生变形，因此在经向所看到的针织物线圈呈现弯弓形。为了对整个针织物的拉伸受力进行分析，首先对单个线圈进行研究。图 6-1 所示为针织物线圈几何结构模型。

该线圈模型基于 Leaf 空间结构模型，纱线的直径设为 0.15mm。该模型使用 Autodesk Inventor 建立，3D 空间轨迹利用 Leaf 模型，再使用 sweep 功能，把该轨迹按直径为 0.15mm，并垂直于轨迹的平面圆做 sweep 操作。利用该单元可以组装成针织物的线圈模型，如图 6-2 所示为针织物线圈结构模型。

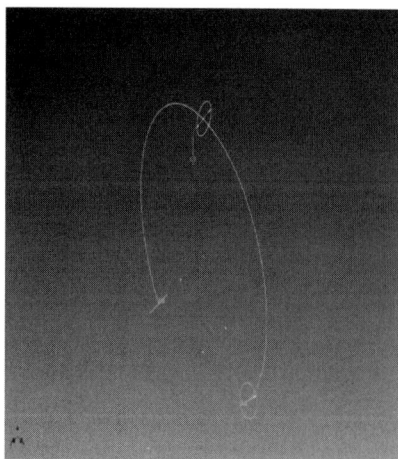

图 6-1   线圈几何模型

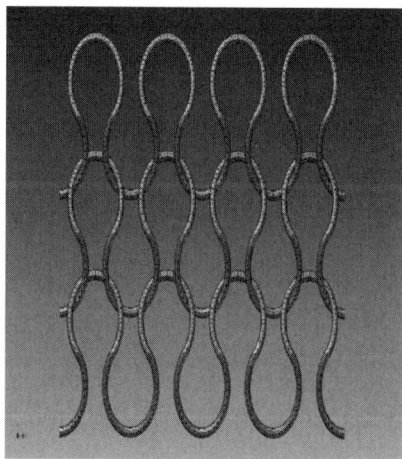

图 6-2   针织物结构模型

6.4.2 网格的划分

划分网格是建立有限元模型的一个重要环节，它要求考虑的问题较多，需要的工作量较大，所划分的网格形式对计算精度和计算规模将产生直接影响。为建立正确、合理的有限元模型，这里我们根据网格数量、网格密度及单元形式等基本原则对针织物线圈进行网格划分。由于使用梁单元，网格划分比较简单，使用线等分划分即可，为了模拟精确，本模型将一个单元划分为 100 等分。图 6-3 所示为针织物线圈结构模型，图 6-4 所示为线圈有限元模型的网格划分图。

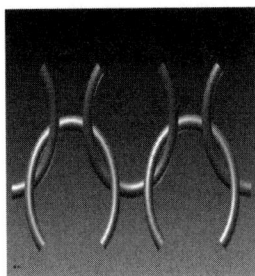

图 6-3　线圈结构模型

图 6-4　线圈有限元模型的网格划分图

6.4.3 接触点设置

线圈与线圈之间的相互作用是一种典型的接触行为，纱线的接触过程是一种强的非线性过程。ANSYS 中接触是通过在几何模型的实体单元上覆盖一层没有体积的接触单元来实现，针织线圈的相互接触是一种三维线与线的接触，可以通过建立 3D line to line 接触来实现。本模型使用接触单元 Conta176 和 target 170 来实现纱线之间的接触行为，如图 6-5 和图 6-6 所示。

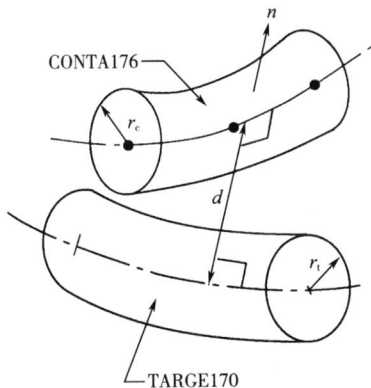

图 6-5　3D 单元接触设置

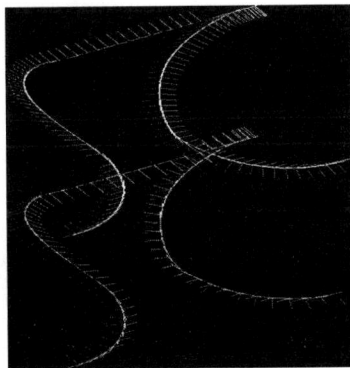

图 6-6　单元接触设置有限元模型

6.4.4　边界条件设置

纬编织物在穿着过程中变形比较复杂，包括拉伸、剪切和弯曲作用，其中沿经向和纬向拉伸作用最为明显，本章主要研究了平针织物经纬向的拉伸行为。为了节省计算时间，针织物沿经向拉伸选取了两个单元进行。线圈的圈柱两两接触，之间的接触为面对面接触，摩擦忽略不计，即线圈之间可以相互滑移。如图 6-7 所示，在 A、B、C 和 D 处施加 Y 方向的应力，在 a、b、c 和 d 处施加 -Y 方向的应力。

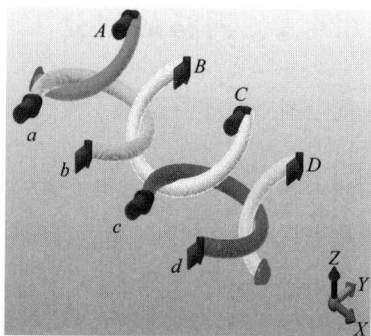

图 6-7　线圈有限元模型的边界设置

6.4.5　加载经向拉伸

有限元模型的拉伸分析计算是模拟试样的拉伸过程，即试样一端固定，另一端加拉伸载荷。无论是对代表性体元进行哪一个方向的拉伸有限元分析，都是对与拉伸轴（X 轴—沿织物横列方向，或 Y 轴—沿织物纵行方向）垂直的体元两个端面中的一个面上所有结点的自由度给予约束，具体来说，就是每一结点的 X、Y 方向的位移设定为零，绕 X、Y 轴的转动也设定为零。

施加载荷的方式有：对与拉伸轴垂直的一个自由端面施加一定的拉应力，或对该端面上的所有结点施加一定的位移。定负荷拉伸是将试样在一定条件下加上一定负荷，保持一定时间，除去负荷，再停顿一定时间，记录试样在拉伸方向的尺寸变化。定负荷的伸长率越大，说明该织物在外力作用下越易产生变形。针织物径向拉伸时，由于针织物线圈之间相互摩擦，在如图 6-8 所示箭头处产生应力集中，表明在线圈接触位置容易最先受损，发生破坏。

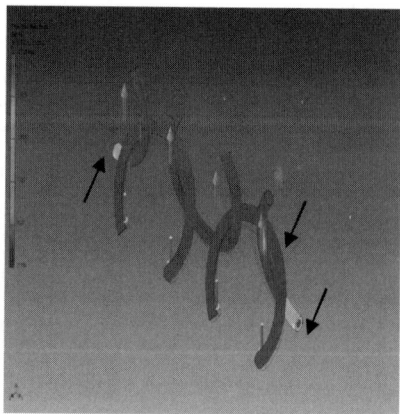

图 6-8　针织物拉伸有限元分析

6.5 针织物拉伸有限元分析

6.5.1 针织物线圈拉伸有限元受力分析

纬编针织物通过纱线在空间弯曲成圈并相互串套而成，针织物在受外力拉伸时，可以直观观察到纱线线圈受力而引起针织物几何结构的变化，针织物变长、变窄，但纱线线圈间的受力情况以及随着外力的增加，纱线受力的转移很难定量分析。在这里，采用有限元对纬编针织物拉伸力学性能进行分析。如图 6-9 所示为针织物线圈有限元模型。图 6-10 中（a）和（b）分别对纬编针织物施加 1000Pa 和 2500Pa 的外力，采用有限元对针织物线圈受力进行分析。

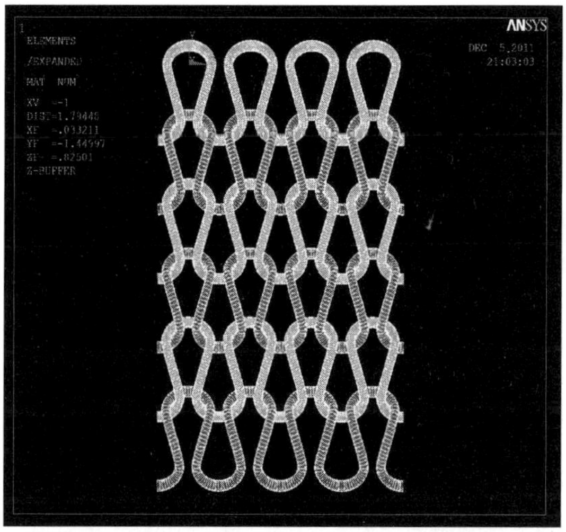

图 6-9 针织物线圈有限元模型

从图 6-10（a）和（b）中可以看出，当纬编针织物施加 1000Pa 外力进行拉伸时，发现在线圈针编弧和沉降弧处所受应力最大，而在圈柱处所受应力最小；当纬编针织物施加 3000Pa 外力进行拉伸时，发现在圈柱处所受应力最大，而在线圈针编弧和沉降弧处所受应力最小。这是因为当针织物施加外力较小时，此时线圈由弯曲状态变为伸直，只是线圈形状的改变，而线圈之间圈套拉伸，造成针编弧和沉降弧处所受应力最大；当针织物施加外力较大时，线圈除伸直拉伸外线圈圈柱之间发生压缩，造成应力集中，所以在圈柱处应力最大。

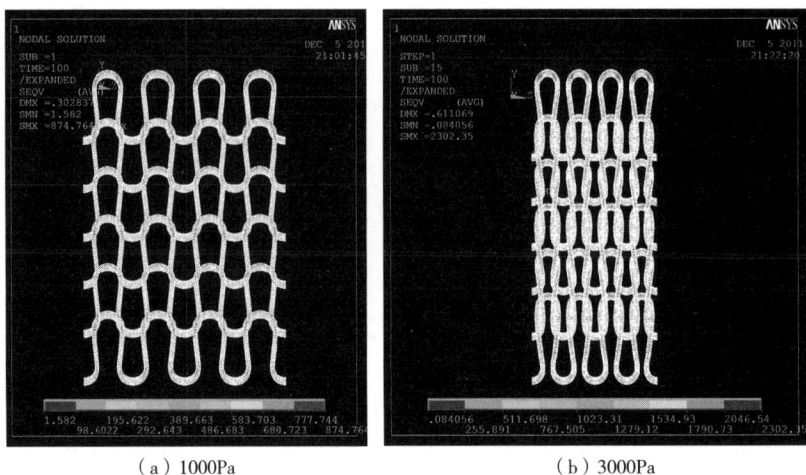

（a）1000Pa

（b）3000Pa

图 6-10　纬编针织物线圈受力分析有限元模型

6.5.2　针织物单一线圈拉伸有限元受力分析

有限元法是根据变分原理求解数学物理问题的数值计算方法，用简单而又相互作用的有限数量的已知单元去逼近无限未知量的真实系统。利用有限元法把针织物线圈弹性体分割成有限个单元线圈所组成的组合体。因此在这里，采用单个针织物线圈对线圈间受力情况进行分析，如图 6-11 所示为针织物单一线圈有限元模型。图 6-12（a）～（d）分别对纬编针织物施加 100Pa、500Pa、1000Pa 和 3000Pa 的外力，采用有限元对针织物线圈受力进行分析。

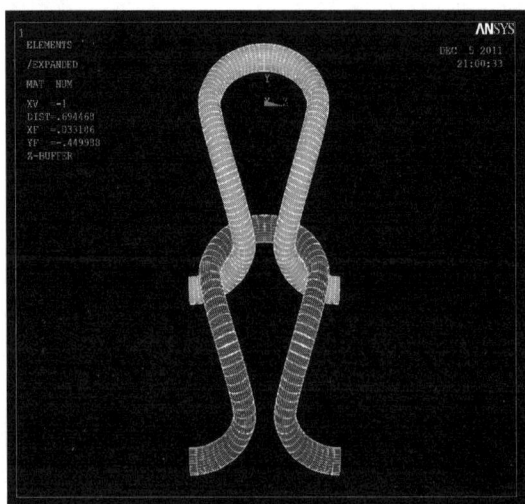

图 6-11　单个针织物线圈有限元模型（见文后彩图 1）

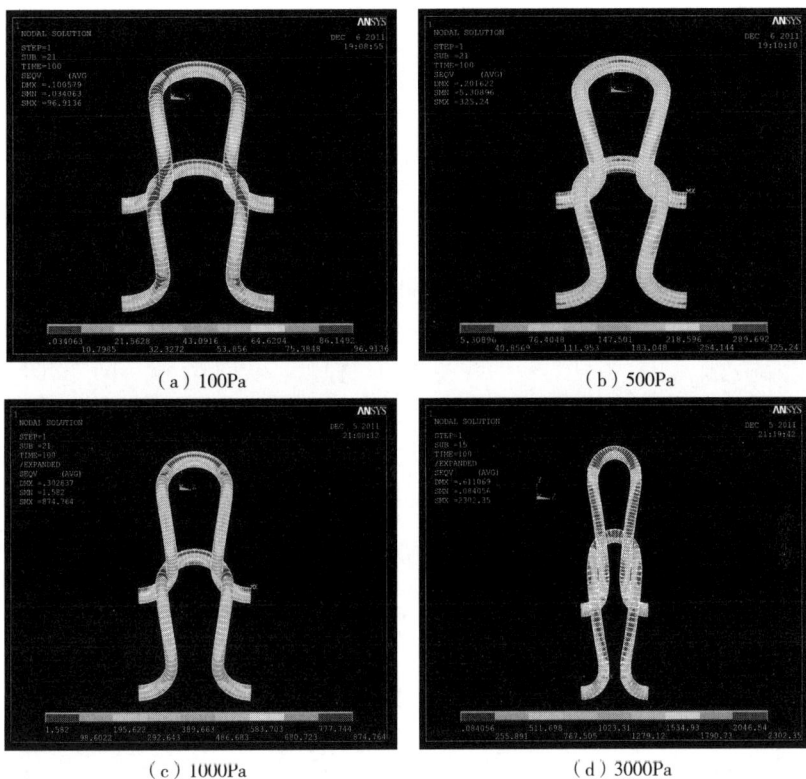

图6-12　纬编针织物单线圈受力分析有限元模型（见文后彩图2）

　　从图6-12（a）～（d）中可以看出，当纬编针织物施加100Pa外力进行拉伸时，针织物线圈各段受力清晰可见，线圈颜色以蓝色为主，说明此时线圈总体所受应力较小，其中，在圈柱处呈淡蓝色，说明所受应力小，在针编弧和沉降弧处呈蓝黄色，说明所受应力较圈柱要大，这是因为当针织物施加外力较小时，此时线圈由弯曲状态变为伸直，线圈间没收到压缩；当施加拉伸外力增加到500Pa时，线圈颜色以淡蓝色为主，说明线圈所受应力较100Pa时要大，另外在针编弧和沉降弧处颜色呈七彩色，说明在此处应力逐渐变大，主要是由于线圈在拉伸过程中，线圈间由于圈套产生压缩所致，应力最集中；当纬编针织物施加1000Pa外力进行拉伸时，线圈颜色以淡黄色为主，说明线圈所受应力又有增加，此时，圈柱处由淡蓝色转变为淡绿色，说明线圈圈柱所受应力变大，针编弧和沉降弧处依然呈七彩颜色，只是黄色红色区域更明显，也说明所受应力在变大；当施加拉伸外力增加到3000Pa时，此时，线圈明显变细、变长，线圈所受应力发生变化，不再是线圈针编弧和沉降弧所受应力比圈柱要大，在圈柱与圈柱接触处黄红色较明显，说明此处应力较大，这是因为当施加拉伸外力较大时，由于线圈与线圈间的压缩变形形成较大应力集中。

采用服装压测试系统对平针针织物面料进行服装压测试，得到针织物的服装压与伸长率曲线。图 6-13（a）为针织物线圈不加外力时自由状态下的有限元模型，（b）为其对应的线圈间的位移量。图 6-14（a）为针织物线圈施加一定外力时拉伸状态下的有限元模型，（b）为其对应的线圈间的位移量。从图 6-13（b）和图 6-14（b）对比分析可知，当施加一定拉伸外力时，线圈间对应的位移量会增加，由此可知，每施加一个外力，都将对应一个位移量，因此将通过这种——对应的线性关系来验证针织物的服装压与伸长率曲线。如图 6-15 所示为纬编针织物服装压与伸长率模拟曲线与实验结果。如图 6-16 所示为针织物线圈间接触点有限元模型。

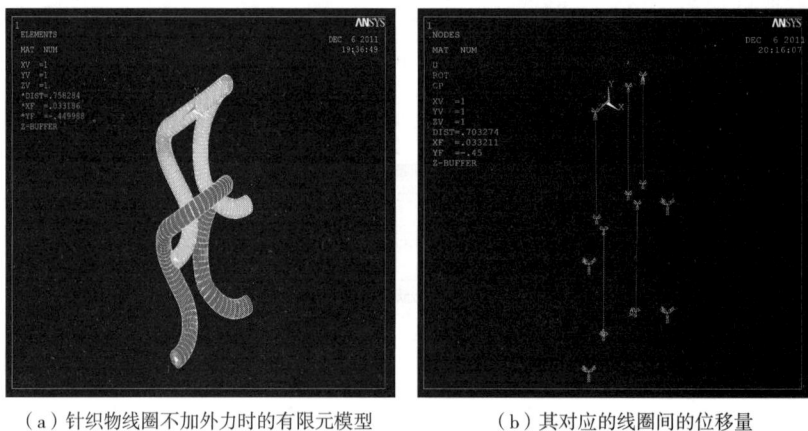

（a）针织物线圈不加外力时的有限元模型　　　　（b）其对应的线圈间的位移量

图 6-13　针织物线圈不加外力时的有限元模型与线圈间的位移量

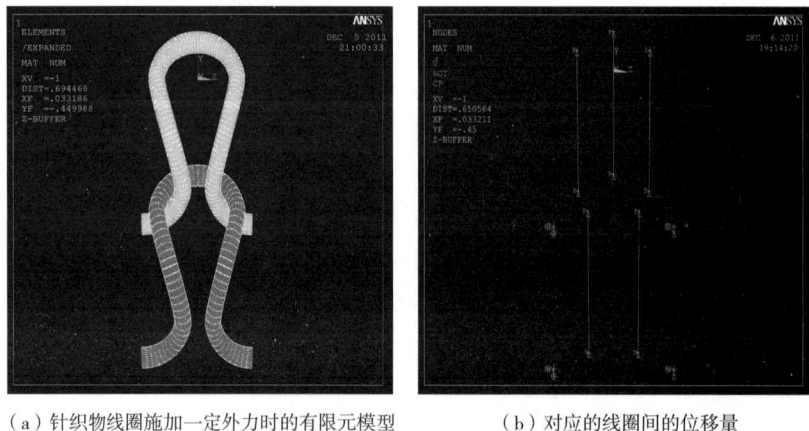

（a）针织物线圈施加一定外力时的有限元模型　　　（b）对应的线圈间的位移量

图 6-14　针织物线圈施加外力时的有限元模型与线圈间的位移量

针织物结构力学性能及预测

通过 ANSYS 有限元模拟预测结果与实验测试结果如图 6-15 所示，可以看出模拟值与实验值的规律性一致，但也存在差异。由图 6-16 中针织物线圈在拉伸时线圈间接触点处的有限元模拟可以看出，当对针织物施加较小的拉伸外力时，由于此时针织物所受力较小，线圈之间摩擦较小，此时，线圈位移量也小，所以模拟值与实测值相接近。当对针织物施加较大的拉伸负载时，由于此时针织物所承受的拉伸较大，线圈之间摩擦较大，线圈位移量也变大，导致模拟值与实测值相差较大。此外，由于建模时为了简单方便、便于建立行之有效的模型，对模型作了许多假设条件。但实际着装时，弹性针织面料对人体所施加的压力是一个复杂的体系。因此，纬编针织物服装压与伸长率的模拟值与实验值存在一些差异。

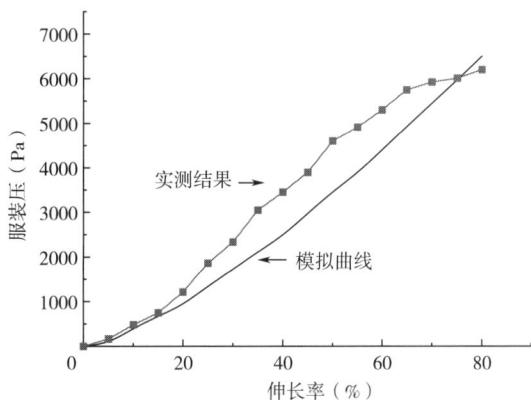

图 6-15　纬编针织物服装压与伸长率模拟曲线与实验结果对比

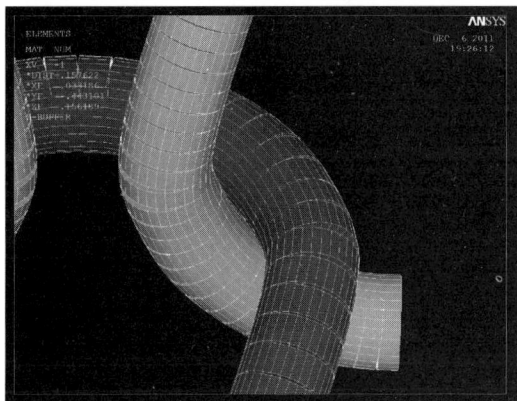

图 6-16　针织物线圈间接触点处有限元模型

从以上的模拟及分析，可以看出：①采用有限元方法对纬平针织物进行了线圈模拟和拉伸变形模拟，这种模拟为针织物力学性能分析提供了便利，精确的模型可对线圈受力进行全面的模拟与分析。随着针织物施加拉伸外力的增加，针织线圈所受应力也逐渐增大，并且线圈所受应力会由针编弧、沉降弧向圈柱转移；②本章建立的有限元模型仿真结果与实验结果较符合，可用来模拟针织物拉伸过程中的受力变形情况，但由于假设边界条件和其他相关因素的影响，模拟结果与实际情况还是有一定的偏差，模型还需进一步优化。

第 7 章

垂面串套三维针织物成形工艺设计与性能评价

由于针织大圆机只有两个针床，所编织出来的织物通常只有两个维度，要实现多维度针织结构织物，就需要对成圈系统进行设计与改进。基于对三层纬编针织物的开发及认知，设计垂面三线串套织物（五层纬编针织物）的织造工艺，改进20G34″双面大圆机的三角配置和成圈系统，设计织针的编织过程。选取 15.2tex 棉纱、22.2tex 涤纶丝、3.7tex 涤纶丝织造垂面三线串套织物，15.2tex 双面棉纱、22.2tex 涤纶丝织造三层纬编织物，测试五层针织物和三层针织物的抗勾丝、抗起毛起球、防抽拔、保暖、透气等性能，对比分析并验证预测垂面编织串套的多层纬编面料性能的合理性。

7.1　　纬编针织物工艺分析

纬编针织物是针织物的一大分支，种类非常丰富，空气层面料以其良好的保暖性、透气性等深受国内外消费者的喜爱。空气层织物结构上由正面、中间层和反面组成，中间层连接正反面形成空气夹层，有针织和机织两种主要类型，本章主要介绍纬编空气层针织面料。纬编空气层针织面料的表层为纬平针组织，通过控制中间层线圈长度、送纱量，调整纬编空气层针织面料的形态。

目前常用的纬编针织机分为圆纬机（circular knitting machine）、横机（flat knitting machine）、圆袜机（circular hosiery machine）三大类，纬编针织面料是在针织机上织造的，针织机一般根据机械特性、织造原理和生产的面料种类进行划分，纬编针织机有多种类型，一般由送纱机构、编织机构、针床横移动机构、牵拉卷取机构组成。常用的纬编针织机分为圆纬机（circular knitting machine）、横机（flat knitting machine）、圆袜机（circular hosiery machine）三种。圆纬机的针床为圆筒形和圆盘形，横机的针床呈平板状，属于直线型。

针织机的编织机构主要由机头、织针、三角座和三角组成，当机头沿针床往复移动时，织针在三角针槽中上下移动编织出片衣被牵拉机构向下牵引，与圆纬机相比针织横机具有组织结构变化多、翻改品种方便等优点，但存在成圈系统较少，生产效率低等不足。圆型纬编针织机针床呈圆环状，成圈系统数多，工作时可高速运转，生产效率高，纬编针织机的基本结构主要由送纱结构、成圈机构、牵拉卷曲机构、传动机构和辅助装置等组成。

普通圆形纬编机编织结构主要有针筒、针盘、舌针、沉降片、织针三角、沉降片三角、导纱器等机件。舌针由针杆、针钩、针舌、针舌销、针踵组成，舌针垂直插于针筒的针槽内，沉降片也插在沉降片圆环的片槽里，舌针随针筒转动时，针踵受织针三角的作用，使舌针在针槽中上下往复运动，此时片踵受沉降片三角的影响，径向方向往复运动，但它只有一个针道不能编织双罗纹织物或更复杂的织物。普通双面大圆机，下针筒针槽与上针盘针槽交错配置且互相垂直配置，如图7-1所示，这种圆纬机集合了两三种单机的功能，扩大了可编织的范围。

（a）针盘三角

（b）针筒三角

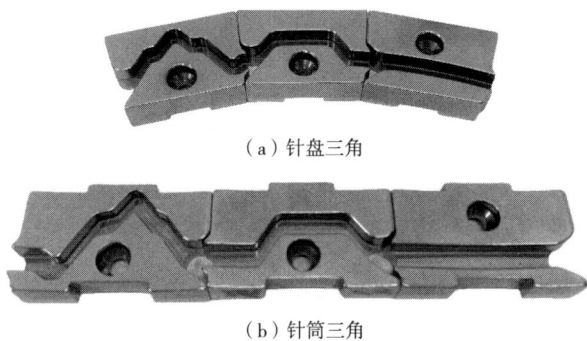

图 7-1　双面大圆机三角配置

　　圆形纬编针织机和针织横机的成圈过程都是大同小异的，如图 7-2 所示。成圈的第一步即为退圈，在图中 A 的位置，舌针从低处上升至高点，同时沉降片沿织针针筒方向移动，使旧线圈的沉降弧被沉降片所夹住，旧线圈随着舌针的上升逐渐滑落，此时针舌绕针舌销转动打开，旧线圈逐渐滑落至针杆，实现退圈。接下来则是引入新的纱线并完成新一轮的成圈过程。旧线圈退圈后，舌针继续下移，从导纱器引入新的纱线，随着舌针的继续下降，针舌在旧线圈的作用下向上翻转关闭针口，将原有线圈和现有线圈进行分隔，过程如位置 E。当舌针继续下移时，线圈沿着舌针移动到舌针外，如位置 F，针钩在舌针下降的过程中接触新的纱线，并使其弯曲，与此同时，原有线圈从针头方向脱落，完成脱圈。当线圈降至最低点时，形成又一线圈，完成成圈全过程。

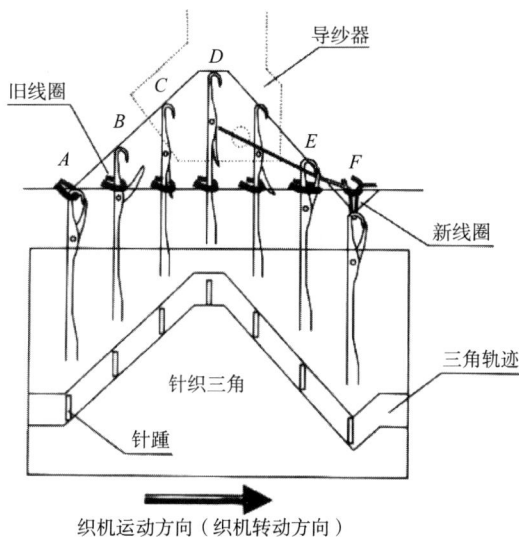

图 7-2　舌针成圈过程

垂面串套的多层纬编面料是纬编空气层面料的一种，可根据需求进行垂面纱线层数的设置。纬编针织物的功能可通过结构来实现，如在双面针织物中间衬入不编织的纬纱来增加层数及织物厚度，由于作为填充层的不编织纱线缺乏握持而容易抽拔出来，致使服用性能及外观受到影响。要改善这类织物的服用性能，可以采取对中间填充层纱线进行集圈，增强纱线的夹持，但效果并不明显。为有效改善这类织物的防抽拔及抗钩丝性能，在结构设计上使处于中间层的填充纱线在织物的垂直面方向上进行编织，形成线圈串套，将会从根本上解决中间层纱线易抽拔及钩丝的问题。

设计了一种垂面三线串套织物（五层纬编针织物），包括：第一层（外层）、第二层（次外层）、第三层（中间层）、第四层（次里层）、第五层（里层），所述里外两层为纬平针结构，第二层与第一层集圈连接，第四层与第五层集圈连接，第三层与第二层和第四层成圈串套连接。中间层填充纱通过成圈实现了相互串套，纱线不再呈现游离态夹持在正反面织物中，为防抽拔、防钩丝提供了可能，编织图如图 7-3 所示。

外层和里层的纬平针结构以棉纱为原料，棉纱具有良好的吸湿性和透气性，穿着舒适，可用于制备运动休闲服饰。中间层填充纱选择涤纶丝为原料，涤纶丝具有较高的强度与弹性回复能力，在双面大圆机上织造时，机器高速运转，强力高的涤纶丝作为中间层纱线可承受较大的拉力，较好的弹性可使织物中间形成较大的弹性间隔，在织物中形成空气夹层，起到功能性的效果，纱线参数如表 7-1 所示。

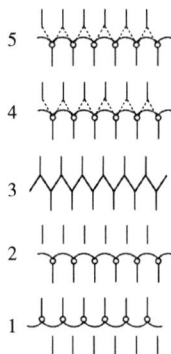

图 7-3 垂面三线串套织物编织图

表 7-1 五层面料纱线参数

纱线	线密度（tex）	用途
棉纱	15.2	里、外层面纱
涤纶丝	3.7	次里、外层间隔丝
涤纶丝	22.2	中间层间隔丝

衬纬等结构的织物，在大圆机上编织，通常采用罗纹型对针方式，通过导纱器衬入不编织的纱线而实现目的，不需要对圆机的三角进行特别改动，实现起来相对容易。现有的成圈系统不能满足编织要求，需要对成圈系统加以分析与设计，由于连接织物正面和反面的纱线是通过集圈与织物的正反面线圈产生连接的，垂面结构需要在针筒针上完成，因此针筒针应保留旧线圈在针杆上，使垫放进的中间层纱线进行编织，编织完成后，旧线圈再套圈完成一个成圈循环。编织垂面三线串套织物的针筒针和针盘针的运动轨迹如图7-4所示。

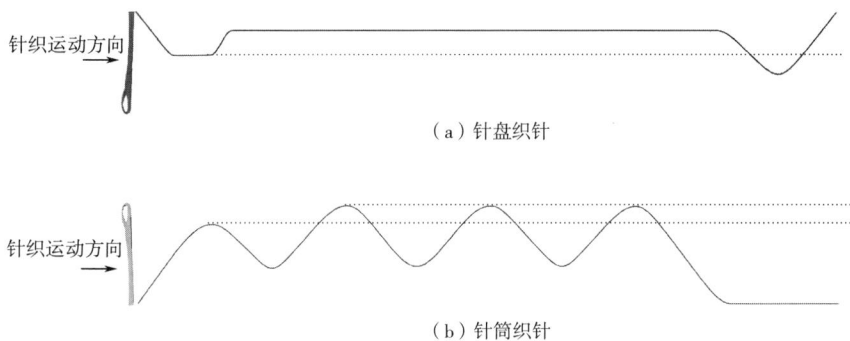

（a）针盘织针

（b）针筒织针

图7-4　垂面三线串套织物编织织针的运动轨迹

针筒三角需要设置两个上升高度，第一高度为止面线圈退圈高度，第二高度为中间层纱线退圈高度。成圈高度也要设置两个高度，第一高度为中间层纱线成圈高度，第二高度为整体成圈高度。垂面三线织物三角配置如图7-5所示，垂面三线织物编织过程如图7-6所示。

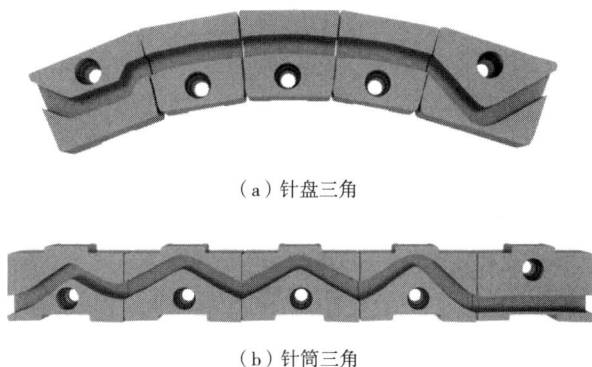

（a）针盘三角

（b）针筒三角

图7-5　垂面三线织物三角配置图

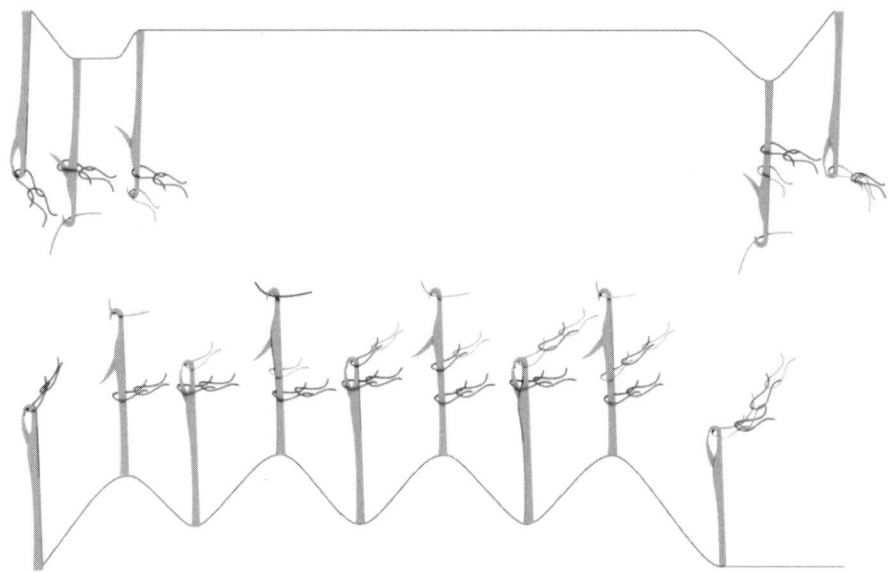

图 7-6　垂面三线织物编织过程图

7.3　垂面三线串套结构织造实践

原料选择 15.2tex 棉纱、3.7tex 涤纶低弹丝、22.2tex 涤纶低弹丝，选用 20 针/25.4mm 筒径为 863.6mm（34″）的双面大圆机进行织造，采用罗纹排针配置方法，三角排列如图 7-7 所示，织物纱线参数及编织方式如表 7-2 所示。

针盘	∨	—	⊔	—	—
路数/F	1	2	3	4	5
针筒	—	∧	∧	∧	∧

图 7-7　三角排列

表 7-2　织物纱线参数及编织方式

路数/F	纱线参数	编织部分	编织方式
1	15.2tex 棉纱	外层	针筒浮线，针盘成圈
2	15.2tex 棉纱	里层	针筒成圈，针盘浮线
3	22.2tex 涤纶低弹丝	中间层	针筒成圈，针盘集圈
4	3.7tex 涤纶低弹丝	次外层	针筒成圈，针盘浮线
5	3.7tex 涤纶低弹丝	次里层	针筒成圈，针盘浮线

将织造完成的坯布预定型，通过高温缸进行染色，对得到的染色布进行湿布定型烘干，得到的面料按幅宽克重进行定型。在大圆机上通过三角的改进和成圈系统的设

计可以完成垂面三线串套织物的编织，在垂面三线编织工艺的基础上可设计垂面多层纬编面料的编织工艺，视需要进行垂面纱线数量的设置。

三层纬编面料的中间层集圈连接里层和外层的纬平针结构，分别测试垂面三线串套面料（五层针织面料）和纬编空气层三明治面料（三层针织面料）的相关性能，试样基本参数如表7-3所示。通过性能测试进行对比及分析，研究纬编空气层面料结构与实验结果之间的内在关系。

表7-3 试样基本参数

参数	三层面料	五层面料
原料	15.2tex 双面棉纱 9.5tex 涤纶丝中间层	15.2tex 双面棉纱 22.2tex 涤纶丝中间层 3.7tex 涤纶丝次里、外层
厚度（mm）	1.2	1.5
横密（5cm）	65	70
纵密（5cm）	90	90
克重（g·m^{-2}）	302	320

7.4.1 拉伸断裂性能

依据 FZ/T 70006—2004《针织物拉伸弹性回复实验方法》，分别进行三层针织物、五层针织物横向和纵向拉伸断裂试验，实验过程如下：

①以横向在距布边 300mm 以上的距离采用阶梯型裁样法分别剪取横向和纵向试样各3块，大小 200mm×50mm，试样分别为五层针织物和三层针织物，将所有样品平面放入恒温恒湿环境下松弛并调湿24h。

②实验在 YG502 型电子织物强力机上进行，预张力为 2.0N，夹持距离为 100mm，拉伸速度为 100mm/min，分别进行横向和纵向拉伸测试。

③重复至所有试样测试完毕，处理数据得到3次测量断裂强力的平均值。

从图7-8中可以看出，五层针织物的横向断裂强力是三层针织物的160%，针织物横向拉伸时表层纱线和中间纱线承担拉力，直到最外层纱线先断裂，中间纱线从最外层脱圈，继续拉伸直至最外层纱线全部断裂，断裂处如图7-9所示。五层面料比三层面料多了次外层和次里层的涤纶丝纱线，增强了五层面料的横向拉伸性能。

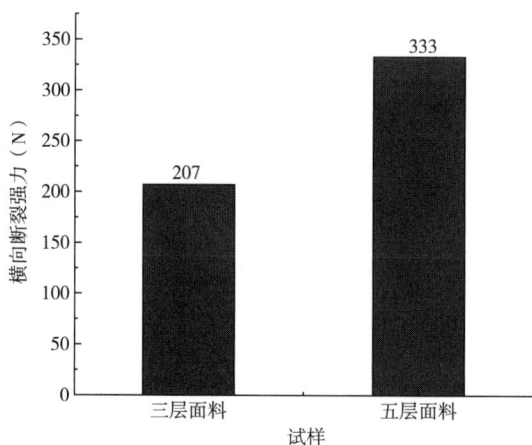

图 7-8　横向拉伸断裂强力

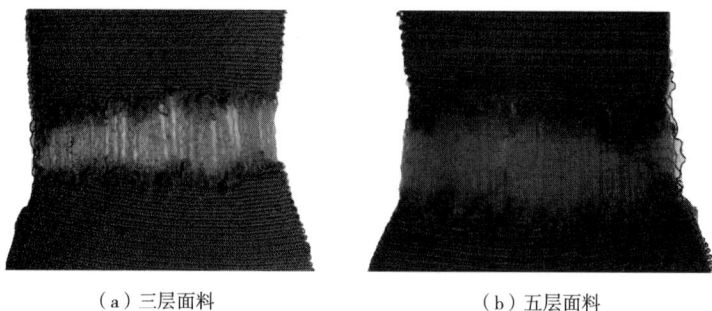

（a）三层面料　　　　　　　　　　（b）五层面料

图 7-9　面料断裂处的形貌

　　纵向拉伸时主要承担受力的是外层的纬平针棉纱，拉伸时外层的纬平针纱线先断裂、脱圈，中间层纱线随着外层线圈的断裂而脱圈，断裂处如图 7-10 所示。五层面料的横密比三层面料多 5 纵行/5cm，所以纬编五层面料的纵向断裂强力是三层面料的130%，断裂处形貌如图 7-11 所示。

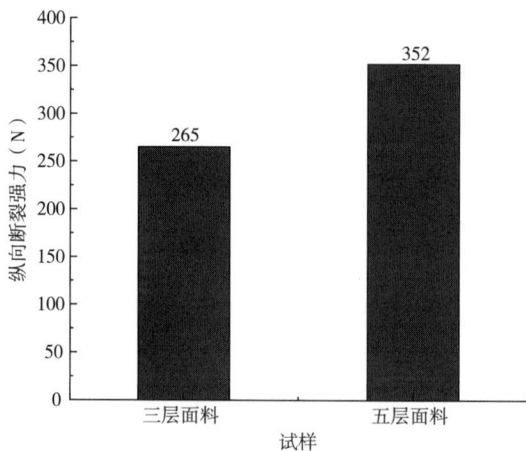

图 7-10　面料纵向断裂强力

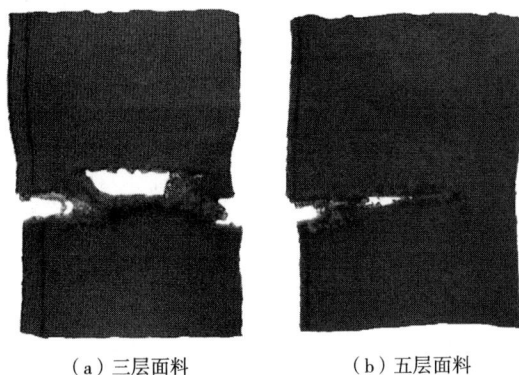

（a）三层面料　　　　　　　（b）五层面料

图 7-11　面料断裂处的形貌

为了更直观地分析织物拉伸断裂过程中纱线的受力情况，将两种空气层面料裁剪成长、宽合适的样条，使用 YG026D 多功能电子织物强力机进行断裂伸长测试，对强力—伸长曲线图进行分析。实验过程如下：

依据 FZ/T 70006—2004《针织物拉伸弹性回复实验方法》，分别进行三层针织物和五层针织物纵向、横向拉伸试验。实验过程如下：

①使用改进成圈系统的 20G34″双面大圆机织造的三层针织物和五层针织物进行试验。

②在距布边 200mm 以上的距离采用阶梯型裁样法分别剪取纵、横向的三层和五层针织物样品各 1 块，试样大小 200mm×30mm，将所有试样平面放入恒温恒湿环境下松弛并调湿 24h。

③使用 YG026D 多功能电子织物强力机进行针织物拉伸试验，通过上下夹持器对针织物试样两端夹持，夹持距离 100mm，实样有效尺寸 100mm×30mm，预张力为 2.0N，拉伸速度 100mm/min，分别进行纵、横向拉伸测试。

④重复测试所有试样，测试完毕后处理数据得到试样的拉伸强力—伸长曲线，如图 7-12 所示。

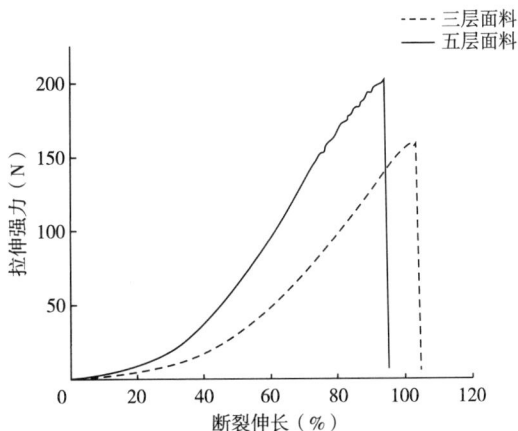

图 7-12　纵向拉伸强力—伸长曲线

当五层针织物受到应力时,其圈柱首先顺着拉伸的应力方向发生小幅度的转动,拉伸伸长较短,此时的圈弧开始进行高曲率的变形,该阶段织物线圈发生弹性变形,初始模量很小,但比横向的初始模量较大。当织物所受应力逐渐变大时,纱线伸直并出现略微的伸长,织物拉伸曲线呈线状,随着应力的持续增加,纱线持续伸长并变细,纤维逐渐变细并发生滑动、屈服等,使织物的模量减少,并直接进入到织物的第一屈服点,因涤纶所组成的线圈与牵伸力的方向呈垂直角度,与棉纱线圈相比不易进行变形,因此其断裂伸长比横向要低。此时棉纱最薄弱部位组成的线圈出现断裂、脱圈并瞬时连锁断裂导致棉纱层织物突然断裂,中间层涤纶纱也跟着脱圈,使后续的织物无力承担应力,织物中的线圈纷纷断裂,织物的应力呈断崖式下降。

三层针织物中棉纱层的线圈受应力的作用,圈柱开始顺着拉伸力的方向进行伸直以及小幅度的转动,而圈弧则开始进行高曲率的变形,初始模量很低。随着应力的增加,棉纱线的纤维开始伸长变细,涤纶纱线的线圈顺着应力方向进行小幅度的转动,织物模量增加,拉伸曲线的导函数变小,拉伸曲线呈线性,最后当应力到达第一屈服点时,涤纶纱形变有限,棉纱层中的线圈断裂、脱圈,并进行瞬时集体脱圈,发生织物的断裂,中间层的涤纶纱随即脱圈,织物应力曲线呈断崖式下降。

从图 7-13 中可以看出,在横向拉伸时,五层针织物在拉伸的第一阶段,织物中线圈的圈柱因垂直于拉伸方向的力而进行大幅度的转动,圈弧开始进行高曲率的伸直,初始模量很小,为高弹性变形。随着应力的变大,纱线进行伸直或细微的伸长,模量开始逐渐增大至常数 E_{max},拉伸曲线开始呈线性,随着纱线开始变细,以及纤维伸长、滑动,使纤维模量减少,最后直接到达最弱纱线的断裂。里层和外层平针棉纱断裂、脱圈,次外层和次里层的纱线从平针棉纱上逐步脱圈,继续拉伸试样,次外层和次里层的涤纶纱逐步断裂,使得到达第一屈服点的过程中有几个拉伸强力反复的点,从而造成织物的更大破坏。随着织物受力增加,主要承受应力的纱线转变为中间层的涤纶纱,达到第二屈服点,此时涤纶纱线中最薄弱的部分开始断裂,织物应力下降,最后引起连锁反应,使织物断裂。

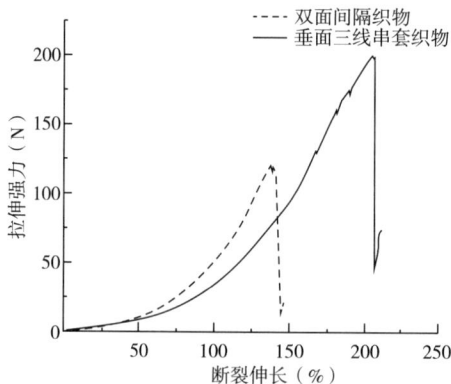

图 7-13 横向拉伸强力—伸长曲线

三层织物与五层织物相比，其中间仅有一种涤纶纱以集圈形态连接里、外两层平针结构，初始模量较小，拉伸时的第一阶段，织物中线圈的圈柱因垂直于拉伸力的方向而向拉伸方向进行近 90°的转动，圈弧开始进行高曲率的伸直，为高弹性变形。随着拉伸强力的增加，纱线的纤维伸长变细，模量增加，曲线呈线性，当拉伸力增至曲线的第一屈服点时，棉纱最薄弱的地方所形成的线圈开始断裂、脱圈，使棉纱层破坏加强，最后瞬时集体断裂，使应力强加给涤纶纱所组成的织物，此时三层织物中的涤纶纱较薄无法承受拉伸牵力，使其瞬时集体断裂，曲线呈断崖式下降。

7.4.2 顶破性能

依据国家标准 GB/T 19976—2005《纺织品顶破强力测定 钢球法》进行测试，实验过程如下：

①在距布边 200mm 以上的距离采用阶梯型裁样法分别剪取三层面料和五层面料样品各 5 块，试样直径为 6cm，将所有试样平面放入恒温恒湿环境下松弛并调湿 24h，并在该大气下测试。

②使用 YG026 型弹子顶破测试仪，将试样固定在夹布环内，弹子按下降恒定速度 300mm/min 垂直顶向试样，顶杆球形直径为 25mm，直至顶破，仪器自动显示顶破强度。

③重复测试所有试样，每种面料测得 5 个有效数据，取平均值，如图 7-14 所示。

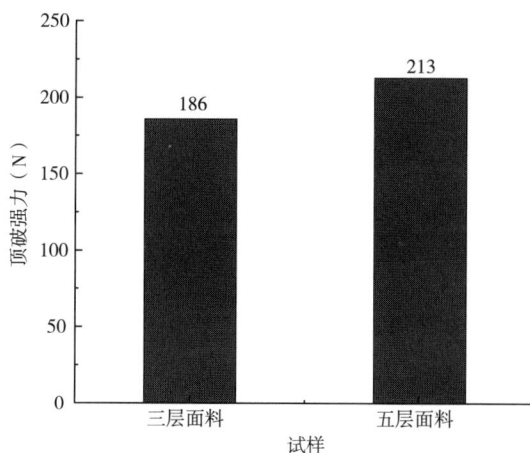

图 7-14　面料顶破强力

五层面料的顶破强力是三层面料的 114.6%，五层面料的中间层一根与正面通过集圈产生连接，一根与反面以集圈连接，而中间的纱线则与这两根纱线形成串套，从而实现了在面料的垂直面形成串套连接，面料顶破后的形貌如图 7-15 所示。三层面料的中间层纱线集圈连接里、外两层纬平针纱线。五层面料的顶破首先是弹子以恒定速度施加给布料垂面的应力，开始时布面相对松弛，较小的顶破力就能产生较大的形变，随后双面的棉纱和中间层涤纶丝处于紧张状态，顶破力逐渐变大，直至棉纱层断裂，出现破洞，顶破力出现最大值，随后急剧下降，直至所有纱线断裂或从钢球表面滑脱，顶破力降为零，至此顶破过程结束，面料顶破结果如图7-15所示。三层面料的中间层集圈在里、外两层平针棉纱结构，在顶破过程中不能像五层面料的次里、外层涤纶丝承担部分顶破强力。

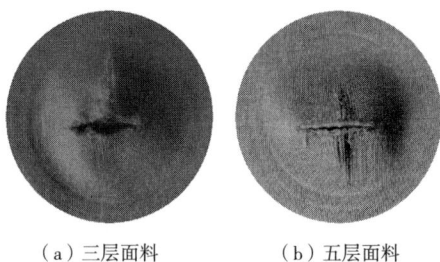

（a）三层面料　　　　（b）五层面料

图7-15　面料顶破后的形貌

7.4.3　抗起毛起球性能

织物的抗起毛起球性能直接关系到织物的耐用性，是织物服饰性能中的重要一环。依据国家标准GB/T 4802.1—2008中规定的3种织物起球试验方法：即圆轨迹法、马丁代尔法、起球箱法，这三种方法在试样尺寸、受力方式、加压及摩擦时间等方面有一定差异，可根据织物品种加以选择，本文采用圆轨迹法，实验过程如下：

①采用五层面料、三层面料两种织物，在距布边10cm以上的距离用裁样器剪切裁取直径为113mm的试样5块，将所有试样平面摊放在标准大气体条件下调湿48h，并在该大气压下实验。

②使用YG502型起毛起球仪进行实验，将试样装入夹环内，选用590cN的砝码装于试样夹头臂上，试样正面朝外，进行起毛次数150，起球次数150。

③测试完成后在评级箱内与标准试样对照，评定每块试样的起毛起球等级，计算5个试样等级的平均数。

从图7-16可以看出，五层面料无论是从起毛的数量还是起球的大小都要少于三层面料，五层面料起毛起球等级为4级，三层面料为2级。五层面料的次里层和次外层涤纶丝集圈连接里层和外层的棉纱线圈，中间层涤纶丝成圈串套，中间层涤纶丝受到外力时有次里层和次外层纱线的成圈串套不易被抽拔出去，使棉纱能很好地保护中间层涤纶纱，相比于三层面料的单层涤纶丝集圈连接里层和外层有着更为优秀的抗起毛起球性能。

（a）三层面料　　　　（b）五层面料

图7-16　起毛起球后的面料形貌

7.4.4　抗抽拔性能

纱线的抗抽拔性影响服装的美观和服用性能，依据FZ/T 70006—2004《针织物拉伸弹性回复实验方法》，测试横向面料单纱抽拔。实验过程如下：

①使用重新设计过成圈机构的20G34″双面大圆机织造实验样品。

②在距布边200mm以上的距离采用阶梯型裁样法剪取横向的三层面料、五层面料各1块，实样大小70mm×30mm，将所有样品平面放入恒温恒湿环境下松弛并调湿24h。

③使用YG026D多功能电子织物强力机进行面料针织物拉伸试验，上端试样单纱拉出5mm夹持在上夹持器，下端试样夹持在下夹持器，如图7-17所示，实样有效尺寸70mm×30mm，预张力为2.0N，拉伸速度100mm/min，分别进行横向单纱拉伸测试。

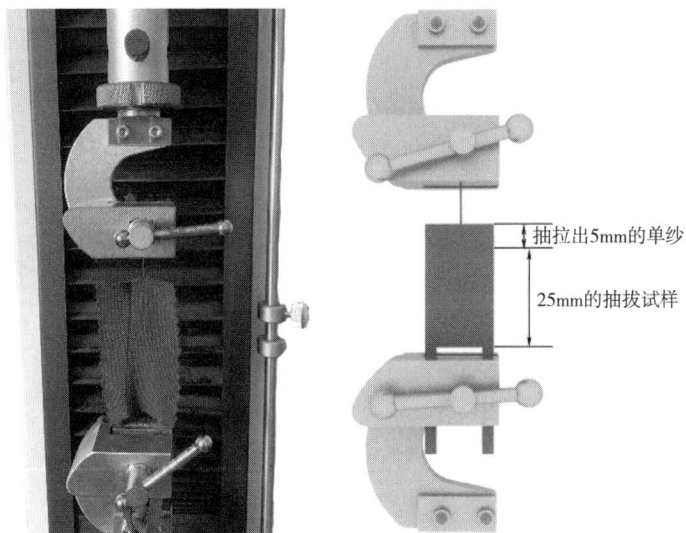

图7-17　YG026D多功能电子织物强力机夹持试样

④重复测试所有试样，测试完毕后处理数据得到试样的面料抽拔力—位移曲线如图7-18所示。

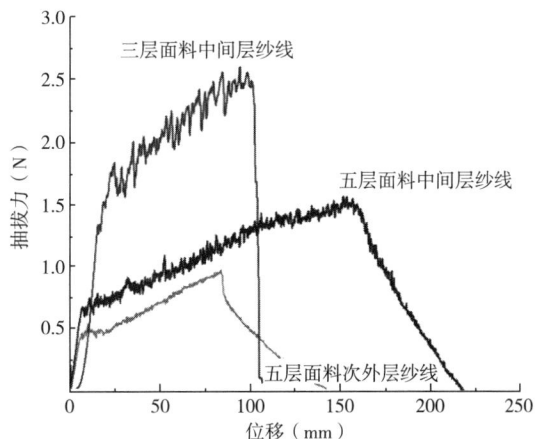

图7-18　面料抽拔力—位移曲线

试样上端拉出 5mm 的被抽拔单纱，夹持在上夹持器，裁剪下端试样中间部分，中间层纱线被抽拔时不会被下夹持器握持。在拉伸的第一阶段，随着应力的增大，纱线被伸长，模量逐渐增大至常数 E_{max}，拉伸曲线开始呈线性，随着纱线开始变细收紧，应力波动性上升，直至达到最大应力点；在拉伸的第二阶段，纱线开始逐步脱圈，应力呈波动性下降，直至纱线全部从织物中抽拔出来。五层面料的次里层涤纶丝集圈连接最外层棉纱，与中间层涤纶丝成圈串套连接。三层面料的中间层纱线集圈连接里层和外层纱线，纱线集圈连接比成圈串套的接触面大，抽拔时的力也大，峰值抽拔力为2.7N。五层面料实际结构如图 7-19 所示，次外层纱线比中间层细且短，中间层涤纶丝的峰值抽拔力为 1.5N，次外层涤纶丝的峰值抽拔力为 1.0N，五层面料的中间层纱线成圈串套连接，在受到外力时不易被抽拔，外层的纬平针棉纱更很好地保护中间层的涤纶纱。

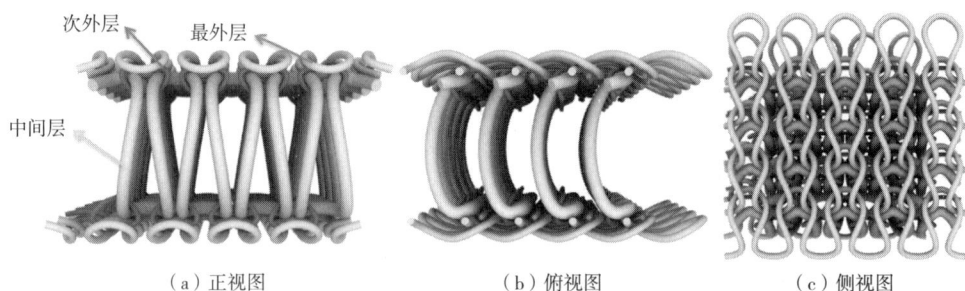

(a) 正视图　　　　　　　(b) 俯视图　　　　　　　(c) 侧视图

图 7-19　五层面料三维结构图

7.4.5　抗钩丝性能

钩丝是指织物受到尖锐物体的钩拉作用，织物中的纤维或纱线被钩出或钩断，在平整的织物表面形成圆状或毛束状的疵点，钩丝会影响织物的外观质量，影响服装的美学风格，抗钩丝对于结构性较稀松的织物，特别是纬编针织物尤为重要。

依据标准 GB 11047—2008《纺织品织物钩丝性能评定钉锤法》，仿照织物实际钩丝情况，使织物试样在运动中与某些尖锐物体相互作用，从而产生钩丝，实验步骤如下：

①五层面料、三层面料的样品在标准大气压下调湿 4h，然后在样品上裁取纵向和横向试样各两块，每块试样尺寸为 200mm×300mm，确保试样上没有疵点和折痕。

②试样正面缝成筒状，织物不能松动、起皱或紧绷，将筒状试样套在转筒上，缝边向两侧展开、摊平。然后用橡胶环固定试样一端，展开褶皱，使试样表面圆整，再用橡胶环固定试样另一端。

③将钉锤绕过导杆轻放在试样上。

④设置实验转数为 600r，启动仪器，钉锤应能自由地在滚筒的整个宽度上移动，否则需停机检查。

⑤达到规定转数后，仪器自停，移去钉锤，取下试样。

⑥试样取下后放置 4h 后再评级，将试样放入评级箱观察窗内，标准试样放在另一侧，对照标样评级，依次测试所有试样，测试完毕后评级。

从图 7-20 中可以看出，三层面料和五层面料的纵向抗钩丝都为 4 级，五层面料的横向抗钩丝为 4 级，三层面料横向抗钩丝为 1 级。五层纬编空气层面料中的涤纶纱以成圈串套的形式连接里外两层的棉纱，纱线因相互成圈串套不易被抽拉出来，棉纱很好地保护了涤纶纱，减轻了因外力而出现中间层涤纶纱钩丝的情况。三层面料中的单层涤纶集圈连接里外两层棉纱，中间层涤纶纱没有相互成圈串套，外层纱线受到外力时中间层涤纶纱易被钩丝破坏面料的结构。

（a）三层面料

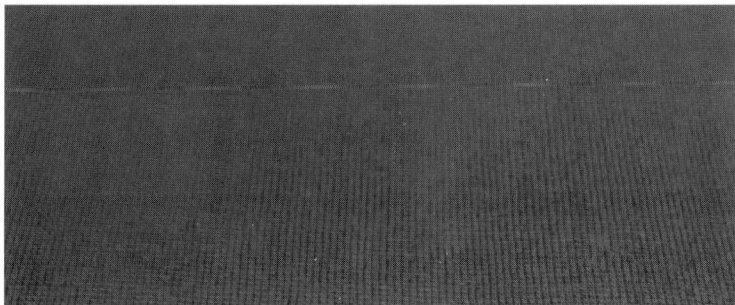
（b）五层面料

图 7-20　横向面料钩丝试样

7.4.6　透气性能

透气性对服装面料有重要的意义，使空气垂直透过织物，在织物正反面形成一定的压差，某一压差下单位时间内透过织物的空气量，即为此织物的透气率。

依据国家标准 GB/T 5453—1997《纺织品织物透气性的测定》进行测试，实验过程如下：

①选取三层面料、五层面料，用裁样器剪切裁取面积 $30cm^2$ 的试样各 10 块，将所有试样平面摊放在标准大气体条件下调湿 48h，并在该大气压下进行实验。

②使用 YG461E-Ⅲ全自动透气仪测试透气率，抬起手柄，将试样平铺放在透气仪

中。选择测试压强100Pa，测试方式自动，测试孔径系统会自行调节，扳下加压手柄，压紧试样，等待手柄回弹，显示透气率。

③重复以上操作，测完其余五层面料和三层面料样品，取每种面料数据的平均值，即为该试样的透气率，如图7-21所示。

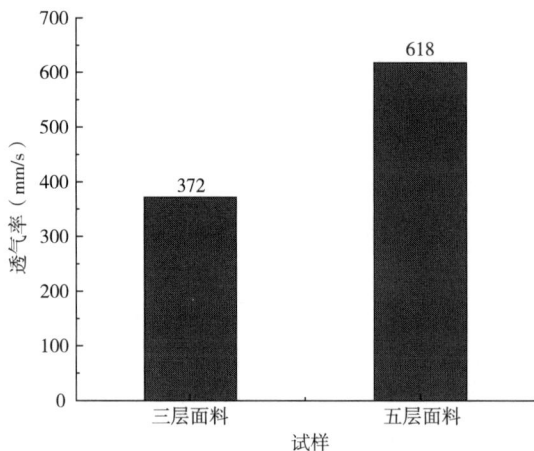

图7-21 面料透气率

五层面料的透气率是三层面料的162%，同种原料不同组织织物的透气量主要受到织物厚度、孔隙、未充满系数、纵横密度等因素的影响，虽然五层织物厚度更大，但因其织物中间有三层涤纶丝所形成的空气层，织物的间隙率比三层织物的更大，故其透气性更强。织物的结构形态比构成织物的纱线对实验的影响要大得多，即织物的透气性主要取决于织物的结构以及纤维之间的孔隙数量大小。对于表里两层为纬平针结构的空气层面料来说，在其他条件不变的情况下空气层面料的层数越多，即所形成的空气层间隙率越大，织物的透气性能也就越好。

7.4.7 织物保暖性能测试

纺织品的功能性以及舒适性始终是纺织行业的研究热点，对于空气层面料来说，织物的保暖性能是检验空气层面料性能的标准之一，也是空气层面料的核心性能。因此，对空气层面料进行保暖性能的测试是必不可少的一环。

本次实验以五层纬编针织空气层面料和三层纬编针织空气层面料为实验对象，客观地测试织物的保暖性能，并在实验数据的基础上，对织物进行性能差异上的分析，并对影响实验参数的织物的相关因素进行分析，织物的保暖性能有很多参数指标，如保暖率、传热系数、热阻、克罗值等，本文以热阻的参数作为保暖性能强弱的主要指标，热阻越大，织物的保暖性能就越好。织物的热阻是反映织物面料保暖性能的参数之一，该参数与服装的导热系数呈反比例相关，热阻单位为 $10^{-3}m^2 \cdot K/W$，该参数与环境的温度、风速以及人的散热量有着紧密联系。

本实验依据 FZ/T 0129—1993《纺织品稳态条件下热阻和湿阻的测定》，将试样织物放置在如图 7-22 所示的 FY258B 纺织热阻、湿阻测试系统内，在其中给定某一恒定的温度场，将面料两个表面的温度差维持在一种相对静止的条件下，测试通过该面料的热流量，在散热过程中系统所消耗的功率为测量该试样的热阻。

实验过程如下：

①将五层面料与三层面料裁剪成边长为 36cm 的正方形形状各三块，打开织物热阻、湿阻测试系统，进行预热。

②打开实验系统中的日照灯等，设定测试舱空气温度为 20.0℃，测试舱湿度为 65.0%RH，测试板表面温度为 35.0℃。

③待机器内部中的环境达到所设定的环境参数时，将实验试样布料覆盖在测试板上，关闭舱门，开始进行测试。

④测试完毕后，保存所得数据，重复测试所有试样，计算保温率的平均值，如图 7-23 所示。

图 7-22　FY258B 纺织热阻、湿阻测试系统

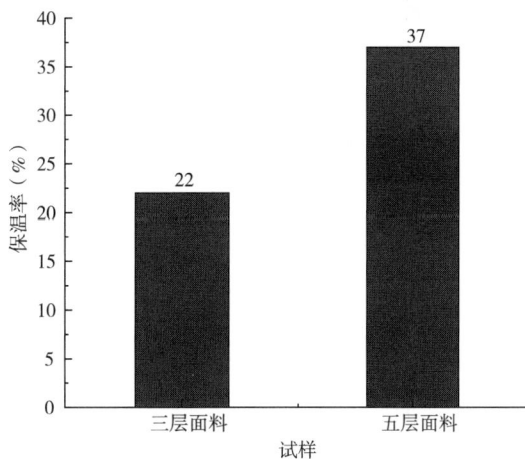

图 7-23　试样保温率

五层空气面料的保暖性能明显强于三层空气面料，五层面料的保温率是三层面料的 168%。因为五层空气面料用了两种涤纶低弹丝织造中间层，并以集圈连接里外两层织物，中间层成圈串套连接，三层面料以一种涤纶纱为原料将里外两层织物以集圈连接。这使得五层面料的表里两层较为紧密，中间层具有更大的空气间隙，可容纳更多的空气，使五层空气面料的保暖性能明显强于三层面料。

7.4.8　织物性能测试对比

通过上述的测试，现将两种面料的各项性能进行对比，如图 7-24 所示。

①五层面料的次里层和次外层纱线峰值抽拔力为 1.0N，中间层纱线的峰值抽拔力为 1.5N，三层面料中间层纱线峰值抽拔力为 2.7N。

②由图 7-23 可知，五层面料的保温率是三层面料的 168%。

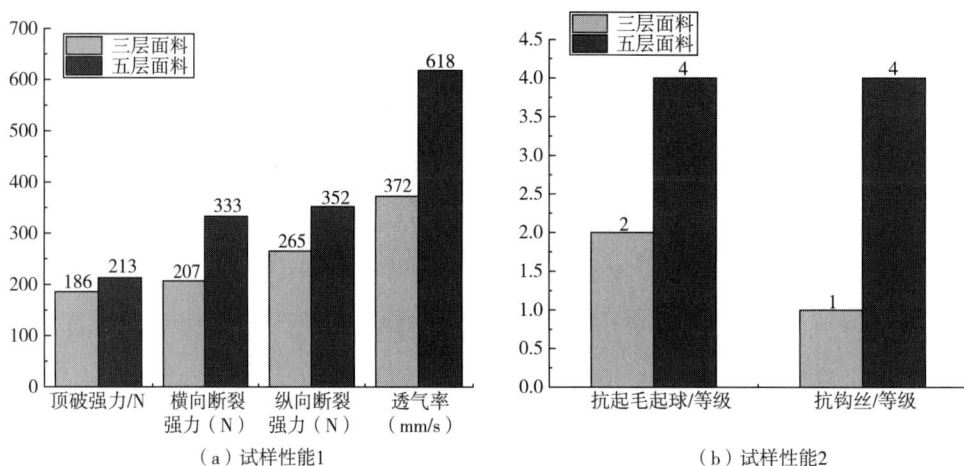

图 7-24 织物性能测试结果对比

从以上性能对比可以验证 3ds Max 模拟五层纬编织物预测的性能，结构上的设计带来了面料性能的提升，五层面料的中间层垂向串套连接，增加了中间层的空气间隙和织物的强力，提高了五层纬编织物的抗钩丝、抗起毛起球、透气、保暖等性能。

主要工作体现在：①设计了垂面三线串套面料的生产工艺，增加了两个垂面连接的线圈，使中间层的填充纱线在织物的垂直面方向编织，形成线圈串套，其他类型的垂面编织串套的多层纬编面料的织造工艺可在此基础上改进得到。通过设计织针的运动轨迹，在 3ds Max 软件模拟垂面三线串套面料的编织过程，设计成圈三角，采用改进过成圈机构的 20G34″ 双面大圆机织造垂面三线串套面料和纬编三层面料；②测试三层面料和五层面料的抗钩丝、抗起毛起球、防抽拔、保暖、透气等性能并对比，验证用 3ds Max 软件模拟垂面编织串套的多层纬编面料的相关性能预测。垂面串套增加了织物的维度，视需要进行垂面纱线数量的设置，可使织物中间形成较大的间隔，且有垂面线圈串套的握持，是真正意义上的三维针织物，垂面串套结构织物，可制成针织预制件，在预制件的基础上衬入纱线或用其他方法提高结构稳定性，可用于建筑、汽车、基础设施、军事、体育、服用等领域。

第 8 章

垂面串套针织物结构力学性能与有限元模拟

以垂面三线串套织物三维模型为基础，通过 ABAQUS 有限元分析软件对垂面三线串套织物拉伸力学性能进行模拟，选取 12.9tex 双面棉纱、7.4tex 涤纶丝、3.6tex 涤纶丝为原料，使用改进成圈机构的 20G34″双面大圆机，织造垂面三线串套面料。观察针织物结构，定义针织物线圈结构参数和线圈中心线型值点，通过非均匀有理方程反推控制点，使用 3D 建模软件 Rhinoceros 的非均匀有理 B 样条（NURBS）曲线确定线圈中心线，分别构建垂面三线串套织物单胞线圈和平面织物纵、横向拉伸模型。其中垂面三线串套织物单胞线圈模型构建过程主要包括基于 NURBS 曲线的线圈中心线拟合、线圈截面形状建模以及沿中心线扫掠截面，平面织物模型则以垂面三线串套织物线圈单胞模型和针织物线圈串套关系为基础进行建模。通过对针织物中纱线进行拉伸测试确定材料属性，在针织物拉伸实验过程中创建的针织物拉伸环境下对其进行拉伸模拟。最后，通过模拟结果从微观和宏观两个角度分析垂面三线串套织物拉伸过程中形态和应力变化，分析垂面三线串套织物拉伸过程，通过针织物拉伸强力测试实验，逐个验证模拟结果有效性。

8.1　有限元分析理论基础

8.1.1　有限元分析方法及应用

有限元法（Finite Element Method，FEM）是将连续复杂的物理问题简化为有限个单元及单元节点求解数学问题的方法，具有效率高、应用范围广和可靠性强的优点。它的基本思想是将复杂求解区域离散为有限个小单元，并对单元设定有限个节点，将求解区域简化成通过节点相互连接的小单元组合体，这些节点构成一个网格将求解域离散，将一个复杂问题转化为一些简单问题求解。有限元方法将复杂物理问题最终转化为代数问题，对单元代数方程进行插值并做域内和边界积分求解，求得原问题的近似数值解。同时，在数学条件满足的情况下，离散化程度越高，求解精度越高，计算量越大，计算效率越低。有限元计算中计算精度和计算代价的平衡问题一直是工程应用的主要问题。

有限元思想最早由欧拉在 1774 年提出，在 1943 年由 Courant 将这种方法运用于工程需要，但苦于计算量过大，有限元法一直未受到广泛注意。直到 Argyris 发表有关能量和矩阵分析的论文集并提出有限元方法的收敛性时，才为有限元方法奠定了理论基础。后来，Turner、Clough 等人将钢架位移扩展到弹性力学平面的问题，并将有限元方法应用于飞机结构强度的计算。1960 年，Clough 首次对有限元法概念进行定义并使用"有限元法"对其命名。他指出，在近似边界条件时，三角形单元更容易计算，并明确定义了收敛性，验证了 Argyris 的推导，自此之后这种方法便逐渐被广泛用于解决工程问题。

近 60 年来，有限元方法由于其实用性、便利性和高效性而被广泛使用，随着计算机技术的发展，相关科学理论和求解方法得到不断地完善，分析对象从刚性、弹性材料已经扩展到几乎所有领域如黏塑性、黏弹性和复合材料等，不仅可以解决静态分析、瞬态分析、弹塑性分析、碰撞分析以及疲劳耐久性分析等结构力学和热力学问题，而且也对流体力学、电磁学以及声—固耦合等耦合问题进行分析。20世纪80年代，有限元法开始进入纺织科学领域，从梳棉机盖板形变、经编机成圈机构非线性运动等纺织机件结构力学分析到纤维、纱线和织物的柔性材料力学分析。

有限元法分析分为前处理、运算求解、后处理三个阶段。前处理是将实际的物理问题转换成有限元模型的过程，包括建立模型、离散化、分配材料属性和加载边界条件等，前处理的主要任务是将实际问题转化为计算机可以理解和计算的数学模型，以便后续的计算分析，求解是指根据离散化后的有限元模型，通过数值计算方法求解方程组，得到物理问题的数值解。这个阶段是整个有限元分析的核心，通过求解方程组得到物理问题的数值解，来描述物理问题的行为和性能。后处理是指根据求解得到的数值解，进行数据处理和结果分析的过程，以得到问题的结果和结论，后处理包括对数值解进行可视化、数据分析、计算误差评估和结果验证等。这个阶段主要是对数值解进行解释和分析，以便得到问题的实际应用价值，后处理阶段是对运算结果进行分析表征，用户可以通过有限元相关软件的人机交互模块对运算数据提取查看。在实际的有限元分析中，这三个阶段通常是循环迭代进行的，即通过不断地优化模型、求解和后处理，逐步得到更加准确的数值解，并进行结果验证和优化。

8.1.2 ABAQUS 有限元分析软件

ABAQUS 是 HKS 公司所开发的工程分析有限元模拟软件，是一个用于有限元分析（FEA）的软件，最初于 1978 年发布，广泛应用于各项工程领域，包括机械、土木和航空航天工程。ABAQUS 由 SIMULIA 开发和销售，提供广泛的线性和非线性仿真、热分析、流固耦合和高级材料建模功能。对简单线性分析和复杂的非线性问题具有良好的解决能力，特别是对于大型复杂模型和高度非线性问题，可以进行单零件分析和模型系统级研究，例如分析复杂固体力学和结构力学问题。在真实物理问题中，外部载荷和内部系统响应之间存在非线性问题，而 ABAQUS 被称为 "国际上最先进的大型通用非线性有限元分析软件"，对此类问题有很好的解决方法。

ABAQUS 包括一个全面支持求解器的人机交互模块 ABAQUS/CAE，和三个分析模块 ABAQUS/Standard、ABAQUS/Explicit 以及 ABAQUS/CFD，ABAQUS 的运算求解阶段在分析模块中进行。ABAQUS/Standard 是通用隐式分析模块，它提供一个动态荷载平衡的并行稀疏矩阵求解器，允许最多 16 个处理器并行运算。隐式求解方法基于静态平衡，通过同时求解一组方程式使每个增量收敛来解决节点位移问题。这种方法收敛快，计算量小但存在累计误差。隐式求解器又称为通用求解器，具有较广的应用范围，用于求解广泛线性非线性静态问题，线性动态和低速非线性动态问题以及耦合物理场问题。在解决非线性问题时，ABAQUS/Standard 使用 Newton-Raphson 算法，在每个增量步内进行多次迭代求解，并将所有增量综合得到近似解。

ABAQUS/Explicit 采用显式动力有限元列式，适用于瞬时动态问题、高度不连续问题、高度非线性动力学问题和准静态问题分析，支持应力/位移分析、完全耦合的瞬态温度—位移分析以及声固耦合分析。显式算法最初用于分析那些隐式算法分析极度费时的高速动力学问题。显式算法基于动力学方程，应用中心差分法通过时间进行积分，可以直接从上一个增量步的静力学状态推导出动力学方程的解，不需要迭代，因此不存在收敛问题。显式求解过程需要大量增量步，但不需要求解全体方程组，计算成本较小，适合求解复杂的非线性问题。

显式方法和隐式方法的区别在于，显式方法所需增量步极少，每个增量步计算成本较小，但增量步较多，隐式方法的每个增量步中需对方程组进行全域求解，这种方法计算成本较高。显式方法建立接触条件公式较为简单，对接触条件极度不连续的问题有较好的求解方案。同时，ABAQUS/Explicit 和 ABAQUS/Standard 可以有机结合显式分析技术和隐式分析技术从而更好地解决复杂问题。

ABAQUS 还存在一个流体仿真模块 ABAQUS/CFD，适用于层流、流—固耦合等流体问题以及自然对流等流体传热问题，流体材料属性确定、网格划分、边界定义等前处理工作以及结果查看等后处理均可在 ABAQUS/CAE 中进行。

ABAQUS/CAE（Complete ABAQUS Environment）是 ABAQUS 交互式图形环境，是生成、提交模型、管理作业和评估结果的 ABAQUS 完整运行环境，ABAQUS 前处理阶段和后处理阶段均可在 ABAQUS/CAE 中进行。ABAQUS 的所有功能都集合在各功能模块中，通过模块间相互独立又连续的工作，每个模块完成模拟作业指定部分工作，在 ABAQUS/CAE 的 Module（模块）列表中激活各功能模块，在这个过程中同时生成 ABAQUS/CAE 执行文件，记录建模操作过程。

ABAQUS/CAE 功能模块有：①Part（部件）：ABAQUS 模型建立基于 CAD 软件部件创建和组装的概念。Part（部件）模块用于创建单个部件，ABAQUS 支持使用图形工具直接生成部件，或者从其他建模软件导入部件。②Property（特性）：Property（特性）模块包括整个部件或部件中某一部分截面和材料属性的定义。ABAQUS 可以定义多种材料行为，例如弹性、超弹性、黏弹性以及各向异性等，从而对大多数材料实现精确模拟。③Assembly（装配）：Part（部件）模块所创立的部件存在于自己的坐标系中相互独立。Assembly（装配）模块用于创建部件的实体，并且将这些实体进行组装定位成一个几何模型，一个 ABAQUS 模型中只存在一个几何模型。④Step（分析步）：分析步序列用于实现模拟过程的变化如载荷和边界条件的变化等，Step（分析步）模块用于创建修改分析步，同时设定每一步所需输出变量。⑤Interaction（相互作用）：该模块可以指定模型区域间或者模型的一个区域与周围环境间的热学和力学相互作用，例如两个表面间的接触。同时还可以定义各种约束，如绑定（Tie）、方程（Equation）和刚体（Rigid Body）约束。几何模型的各种接触作用必须在此模块设置，相互作用和分析步相联系，对相应分析步也需指定。⑥Load（载荷）：边界条件用于约束模型各部分的固定和移动，在 Load（载荷）模块中设定。边界条件和场变量的设置也在 Load（载荷）模块进行。载荷、边界条件和某些场变量与分析步相联系，必须对相应分析步进行指派，而其他的场变量作用于分析初始阶段。⑦Mesh（网格）：网格是单元和节点组成的实际几何模型离散近似值，节点放置于所布种子上，网格越密对模拟的预测越详细，但是运算时间越长。Mesh（网格）模块包含模型网格的选择、定义和划分，网格质量的好坏直接影响到计算值的优良。⑧Job（作业）：在完成对模型的定义后，在此模块提交作业运算，并可对运算过程进行监控。⑨Visualization（可视化）：在完成有限元运算后，在 Visualization（可视化）对模型和分析结果图像进行查看。它对模型和结果信息进行获取，并按照 Step（分析步）设置所需结果进行输出和可视化展现。⑩Sketch（草图）：本模块用于二维轮廓图绘制，帮助生成三维模型。其中，Part（部件）、Property（属性）、Assembly（装配）、Step（分析步）、Interaction（相互作用）、Load（载荷）、Mesh（网格）等模块属于前处理阶段，Visualization（可视化）和 Sketch（草图）等模块属于后处理阶段。ABAQUS 运算的误差来源主要有网格划分质量、边界条件设定和求解器的选择三种，这也是在建模中要着重注意的三点。

8.2 织物拉伸计算流程

在分析针织物几何结构参数创建三维物理模型后，将模型导入 ABAQUS 软件进行拉伸计算分析，依照针织物纱线物理性质对材料属性进行定义，遵照实验标准定义针织物拉伸环境，对拉伸实验进行还原，确保有限元模拟准确性。针织物拉伸模拟的有限元计算流程如图 8-1 所示，本章所有模型拉伸模拟均遵循此过程。

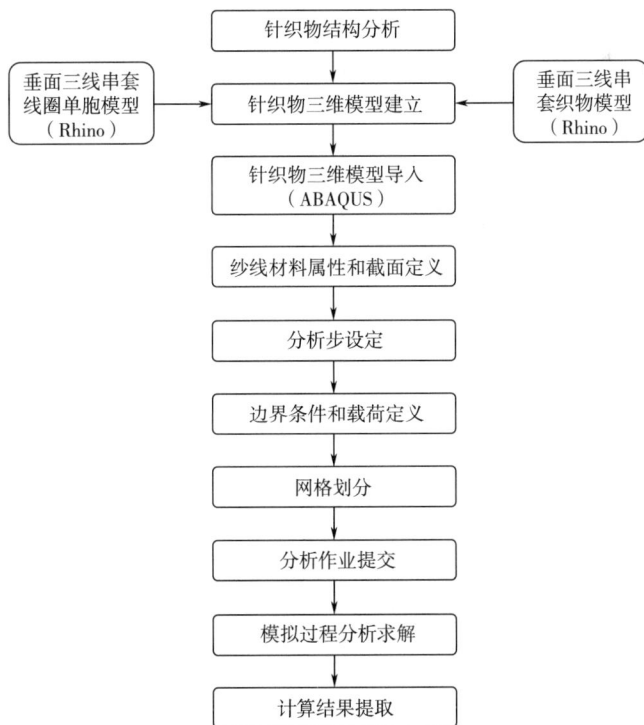

图 8-1　垂面三线串套织物拉伸有限元计算流程

8.3.1 单胞模型建立

使用改进成圈机构的20G34″双面大圆机，织造垂面三线串套织物（五层面料），面料的基本参数如表8-1所示，对针织物进行建模研究一般是在织物松弛状态下进行，先将织物试样从面料上裁剪下来，平放松弛48h，消除织造及裁剪过程产生的残余应力。使用DSX510高级测量显微镜在68倍放大下观察织物试样，随机选取织物5处进行图像采样，观察试样图像，对图像中的单个线圈进行型值点标记，由几何位置和对称关系，分别建立外层、次外层、中间层单元线圈中心线控制点的相对坐标，如表8-2~表8-4所示。

表8-1 垂面三线串套织物基本参数

参数	五层面料
原料	12.9tex 双面棉纱 7.4tex 涤纶丝中间层 3.6tex 涤纶丝次里、外层
厚度（mm）	2.5
横密（5cm）	75
纵密（5cm）	100
克重（$g \cdot m^{-2}$）	265

表8-2 外层线圈中心线控制点坐标　　　　　　　　单位：μm

坐标	X	Y	Z
n_1	−356	0	76
n_2	−102	119	0
n_3	−178	436	−76
n_4	−254	753	0
n_5	0	871	63
n_6	254	753	0
n_7	178	436	−76
n_8	102	119	0
n_9	356	0	76

表8-3　次外层线圈中心线控制点坐标　　　　　单位：μm

坐标	X	Y	Z
n_1	−200	0	65
n_2	−68	59	0
n_3	−100	186	−65
n_4	−132	313	0
n_5	0	372	65
n_6	132	313	0
n_7	100	186	−65
n_8	68	59	0
n_9	200	0	65

表8-4　中间层线圈中心线控制点坐标　　　　　单位：μm

坐标	X	Y	Z
n_1	−412	0	20
n_2	−114	16	0
n_3	−206	81	−20
n_4	−297	147	0
n_5	0	163	20
n_6	297	147	0
n_7	206	81	−20
n_8	114	16	0
n_9	412	0	20

　　确定线圈中心线型值点坐标和几何参数之后，即可在 Rhino 软件中建立线圈单元的几何模型。线圈单元几何模型构建方法是沿中心线 NURBS 曲线通过线圈横截面扫掠得到，因此需要对线圈中心线和截面形状进行准确定义。上文已经计算得出线圈中心线的几何参数，在线圈模型中将控制顶点坐标导入 Rhino 软件，通过构建曲线控制点命令建立 NURBS 曲线线圈中心线，通过参数均匀化命令对曲线进行均匀化处理，使每段曲线分布更加均匀，得到纬编针织物线圈中心线，至此完成线圈中心线 NURBS 曲线的构建。

　　在完成对线圈模型中心线的 NURBS 曲线构建后，还需对线圈截面形状进行确定以构建线圈几何模型。在实际情况中，纱线截面本身具有不规则性，再加上针织物织造过程中纱线的弯曲摩擦与受力，导致纱线截面形状沿中心线方向各具差异，难以直接测量。考虑到仿真效率和实际建模情况，将线圈看作由单股无捻纱织造，利用数码显微镜对纱线截面进行观察发现纱线截面近似为不规则圆形。考虑到有限元计算效率问题，采用圆形截面作为针织物线圈截面形状，如图 8-2 所示，仿真效果理想。

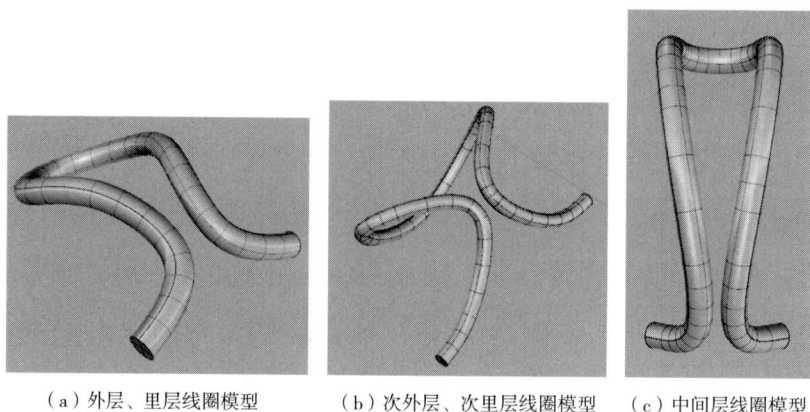

（a）外层、里层线圈模型　　　　（b）次外层、次里层线圈模型　　　　（c）中间层线圈模型

图 8-2　圆形截面线圈模型

　　为了更好地体现针织物在拉伸状态下的纱线形态变化，需要选择适当的线圈单胞模型进行拉伸模拟。针织物横向纱线连续，纵向纱线相互串套，选择截取带有上下串套关系的 3 行 5 列线圈的垂面三线串套织物作为单胞模型，将最外层、次外层、中间层线圈中心线控制点沿 x 轴首位阵列、连接中心线控制点、参数均匀化、沿中心线扫掠构建线圈实体，构建的线圈是一整个实体，并非通过组合命令得到的中心线，复制最外层、次外层线圈沿 y 轴旋转 180°，移动复制的线圈使其与中间层线圈成圈串套，如图 8-3 所示。垂面三线串套单胞模型可以在微观结构上体现针织物线圈拉伸作用下的形态变化，同时也可以减少运算数据。将 Rhino 软件创建的垂面三线串套结构单胞模型以 sat 格式导出，并以英文字符形式对文件命名，导入 ABAQUS 软件进行纵、横向拉伸试验的模拟。

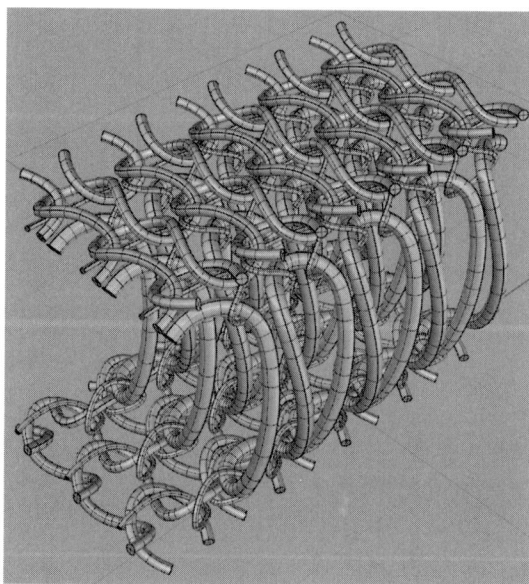

图 8-3　垂面三线串套结构单胞模型

8.3.2 垂面三线串套结构模型建立

为更好地建立针织物单胞线圈模型和垂面三线串套结构模型，便于后续的有限元计算，优化系统资源利用，本文所构造的针织线圈及针织物三维模型假设以下条件：①线圈是通过三次非均匀有理B样条曲线构建的均匀连续三维立体模型，建模只考虑到纱线层面；②纱线是具有实体的各向同性材料，忽略其个体差异和捻度，纱线连续均匀截面为圆形，纱线内部没有间隙，具有物质均匀性和物质连续性，拉伸过程中纱线截面不发生形变；③每个单位线圈连续均匀且一致，织物中线圈相互嵌套紧密接触，线圈间相互作用通过摩擦定义。

在得到针织物线圈单胞模型后，对相互嵌套的平面针织物模型进行构建。考虑到在拉伸时分别进行纵、横向的拉伸，需分别构建纵、横向拉伸试样模型。建模思路为将针织物线圈中心线左右阵列，纵向拉伸模型为线圈6行20列，横向拉伸模型为20行6列。使用圆管实体工具对中心线轨迹扫掠，建立纱线几何模型，即可得到如图8-4所示垂面三线串套织物三维模型。

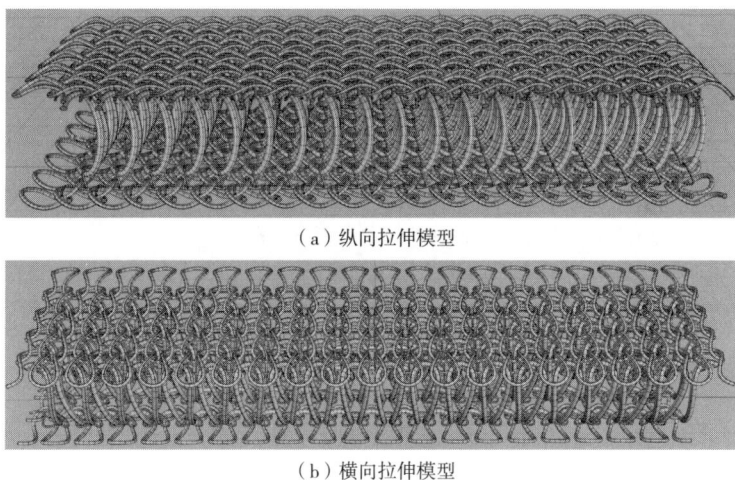

（a）纵向拉伸模型

（b）横向拉伸模型

图8-4 垂面三线串套织物三维模型

8.4 纱线材料属性获取

8.4.1 纱线拉伸实验

ABAQUS软件的材料模型属性由纱线的单纱拉伸性能确定，根据国家标准GB/T

3916—1997《纺织品卷装单根纱线断裂强力和断裂伸长率》，使用 YGO68C 型全自动单纱强力仪，将单纱拉伸至断裂，仪器自动显示并输出有关拉伸断裂指标，从五层面料针织物试样中拆下外层、次外层、中间层的单纱各 10 根进行充分的调湿。设置上夹持距离 500mm，拉伸速度 500mm/min，使用单纱强力仪上下夹头对纱线试样进行夹持，依次对试样进行拉伸测试，得到试样纱线强力—伸长率曲线。

8.4.2　实验结果及分析

在 ABAQUS 中进行力学拉伸实验，需要确定材料的质量密度 ρ，弹性模量 E，屈服应力 σ_0，泊松比 v。ABAQUS 中将材料性质依据材料非线性性质分成黏弹性、超弹性和弹塑性。黏弹性是聚合物对载荷响应同时具有弹性固体和黏性流体双重特性的性质；超弹性是通过应变能密度系数所确定的一种性质；弹塑性是一种在给定载荷时立即产生全部变形，而在载荷解除的同时，部分变形立即消失，其余部分产生永久变形的性质。纱线在有限元中可以看作横观各向同性材料，根据其性质，本文将其定义为弹塑性材料。

如图 8-5 所示为弹塑性材料应力—应变曲线，曲线形状反映材料在拉伸作用下发生脆性、塑性、屈服、断裂各种形变过程，分为弹性阶段、屈服阶段、强化阶段和局部变形。对材料施加外力，材料应变逐渐增大，应力低于 σ_0 为强化阶段，应力与应变成正比，材料性质表现为弹性，即此时若撤去载荷，应变会完全消失，这个阶段应力与应变呈线性关系，满足胡克定律，应力最大点称为屈服点，σ_0 为屈服应力，ε_0 为屈服应变，弹性模量 $E=\sigma_0/\varepsilon_0$。随着外力不断的施加，材料进入屈服阶段，应力与应变间线性关系被破坏，材料响应方式变为非线性不可逆状态，应变逐渐增大，应力先增大后减小，σ_f 为最大应力值，材料进入强化阶段，最后进入局部变形阶段材料发生破坏，应力逐渐失效。根据纱线应力—应变曲线图和纱线相关理论，得到纱线材料参数如表 8-5 ~ 表 8-7 所示。其中，ρ 为纱线质量密度，E 为纱线弹性模量，σ_0 为纱线屈服应力，v 为纱线泊松比。处理数据后得到各个纱线的拉伸性能指标。

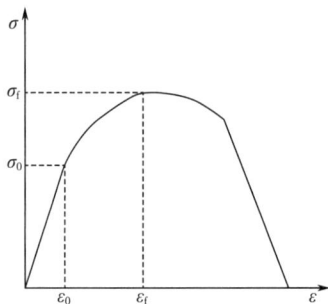

图 8-5　弹塑性材料应力—应变曲线

表 8-5　最外层纱线参数

ρ（g·cm^{-3}）	E（MPa）	σ_0（MPa）	v
0.88	1753	108	0.25

表 8-6　次外层纱线参数

ρ（g·cm^{-3}）	E（MPa）	σ_0（MPa）	v
0.32	412	97	0.13

表 8-7　中间层纱线参数

ρ（$g \cdot cm^{-3}$）	E（MPa）	σ_0（MPa）	υ
0.22	303	58	0.1

8.5　垂面三线串套织物单胞模型有限元分析

8.5.1　单胞模型织物拉伸环境创建

前文完成了织物模型创建和材料属性获取工作，接下来使用 ABAQUS/CAE 对织物拉伸环境进行创建。本节以针织物线圈单胞模型为例对拉伸环境创建过程进行详细描述，进行针织物线圈单胞模型纵向拉伸和横向拉伸分析，平面针织物拉伸环境创建过程与此基本相同，本文不再赘述。

考虑到针织物横向纱线的连续性和纵向线圈串套性质，对一个线圈进行拉伸模拟，不能准确体现拉伸作用下针织物组织结构所引起的纱线形态变化。针织物线圈单胞模型选择截取带有上下嵌套关系 3 行 5 列线圈作为单胞模型，在微观结构上体现针织物线圈拉伸作用下形态变化的同时减少运算数据。

ABAQUS 支持 sat、igs 和 stp 格式模型文件导入，将 Rhino 创建的针织物线圈单胞模型以 sat 形式导出，由于 ABAQUS 模型不支持中文字符命名，此处应注意以英文字符形式对文件进行命名。选择 Insert（输入）命令，以 Part（部件）形式导入模型。

在 ABAQUS 中，完成部件创建后，模型材料和截面属性可在提交作业前任意时刻进行定义和修改。选择 Property（属性）模块，创建材料和截面属性。首先参照表 8-1 所得数据创建纱线材料，定义纱线密度，在 Elasticity 选项设置纱线弹性模量和泊松比定义弹性属性，在 Plastic 选项设置纱线屈服应力和应变定义塑性属性，初始屈服应力塑性应变值为 0，意为在屈服点处不存在屈服应变。ABAQUS 支持材料属性库的创立以随时对所创材料进行调用，为方便材料属性的使用，将所创建材料导入材料库保存。ABAQUS/CAE 不支持属性直接赋予模型，使用 Section（截面）建立均匀实体截面并定义材料属性，然后为每个部件赋予相应截面属性完成纱线材料定义。

在 ABAQUS 中，整个模型被称作装配体。导入的每个部件之间互相独立于各自局部坐标系中，在 Assembly（装配）模块以独立网格方式导入部件，各部件以在 Rhino 中确定的相互位置导入，形成如图 8-6 所示完整装配体。

ABAQUS/CAE 中会自动生成初始分析步 Initial Step，模型边界条件等初始条件建立于此分析步中，同时按模型情况设定后续分析步为作用条件以施加载荷。在创建分析步时需要对求解器进行选择，ABAQUS 中非流体力学问题由 ABAQUS/Explicit 和 ABAQUS/Standard 两种求解器定义。针织物拉伸性能分析中，纱线定义为弹塑性材料，存在纱线退化失效情况，纱线之间通过摩擦力和串套关系相互作用，接触关系复杂，且拉伸过程中结构响应变化很快，适用于显式求解。基于此，选用 ABAQUS/Explicit 求解器。Dynamic/Explicit 是显示动力学分析通用分析步，在 Step 中选择其作为后续分析步，同时打开大变形开关。为了减少不必要运算和输出结果，选择中间线圈创造集合，指定此区域作为作用域进行场输出和历程输出。

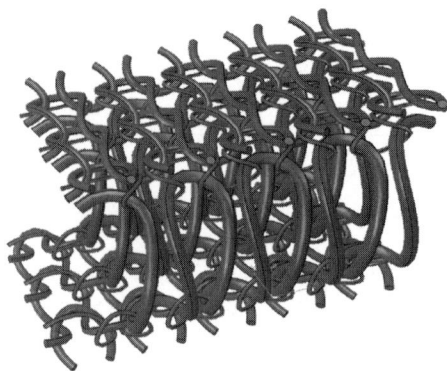

图 8-6　单胞模型装配体

假设拉伸前纱线紧密接触，在拉伸过程中通过摩擦力彼此作用。选择 Interaction（相互作用）模块定义相互作用。在 Dynamic Explicit 分析步中通过自接触算法定义线圈接触力切向和法向行为，切向摩擦系数 0.2，自动查找接触对完成定义。

如果模型开始瞬间被赋予全部载荷，会存在接触状态发生剧烈变化而造成计算结果不收敛的现象，因此通过设定幅值的方法平稳地赋予条件，对所有接触和载荷条件设定幅值如图 8-7 所示，意为进入 Dynamic Explicit 分析步的 0s 不进行条件施加，分析步 1s 开始施加真实载荷。

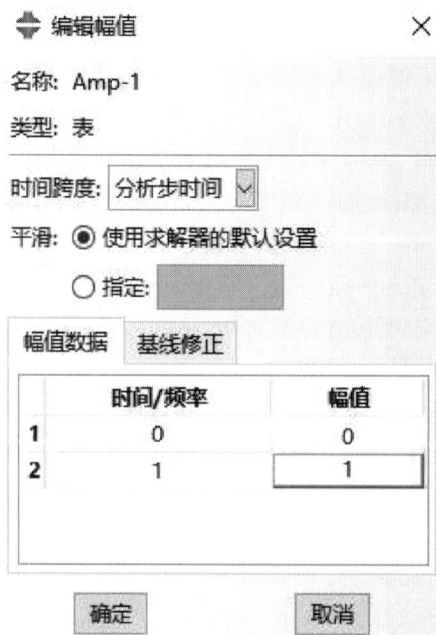

图 8-7　编辑幅值

不同于其他有限元软件，ABAQUS/CAE 更适合将载荷与边界条件定义在几何模型而不是单元或者节点上，这样修改网格时不必重新对参数进行修改。在 Load（载荷）模块中设定约束和载荷模拟拉伸应与 YG028 万能材料试验机拉伸织物方式相同，织物试样一端夹持另一端移动。下夹头夹持织物下端静止，上夹头夹持织物上端以 100mm/min 速度上移。在 Initial 分析步设定边界条件，确定模型 Y 轴方向为纵向拉伸方向，对模型下端外层、里层、中间层线圈选择 "$U_1 = U_2 = U_3 = UR_1 = UR_2 = UR_3 = 0$" 对其完全固定，同时对相邻面进行位移约束，来使单位模型代替整个模型，在 Step1 分析步设定拉伸条件，选择模型下端定义速度载荷 $V_2 = 1.667$。在进行横向拉伸分析时，确定模型 X 轴方向为拉伸方向，固定模型左侧，对相邻面进行位移约束，模型右侧定义速度载荷 $V_1 = 1.667$。

　　网格划分的主要作用是将模型拆分为一组小单元集合，并通过节点实现单元拓扑表示。网格的密度决定了模拟结果的精度。粗糙网格使模型难以确定接触状态。随着网格密度的增加，网格单元变小，得到的结果趋于唯一解，模拟的精确度提高。网格密度增加的同时，单元节点数也会以几何倍数增加，这将占用大量系统资源，延长计算时间并增加模拟周期。因此，在划分网格前，需要设置种子、网格控制参数以及单元类型以确定模型网格划分的质量，决定模型运算的速度与精度。

　　在 ABAQUS 中，网格划分的工作在 Mesh（网格）模块进行。单胞模型较小，为了更细致地模拟单个线圈的拉伸过程，此处选择网格密度较大，外层种子尺寸 0.05，次外层 0.025，中间层 0.05 设置合适的曲率，三维模型的单元形状有六面体、六面体占优、四面体、楔形四种，线圈单胞模型选择 "C3D8R" 六面体单元类型，模型网格仅仅包含六面体，这样做的好处是可以减少计算量同时也适应模型横向或者纵向拉伸。网格划分技术包括结构化、扫掠和自由划分，线圈单胞模型选择扫掠技术利用中轴算法进行划分，这种算法使用结构化技术划分网格，单元形状规则。线圈单胞网格模型如图 8-8 所示。

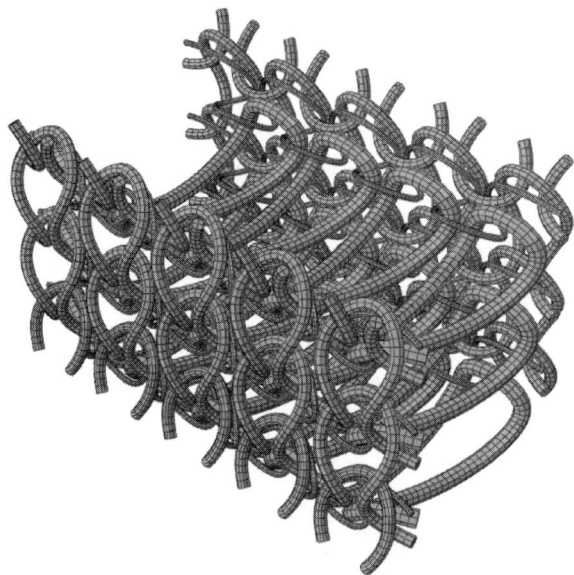

图 8-8　线圈单胞网格模型

8.5.2　单胞模型织物拉伸有限元结果分析

在完成织物环境生成任务后，通过 Job（作业）模块创建作业并提交实现运算。经过计算模拟后，在 Visualization（可视化）模块可查看单胞模型织物拉伸变形过程及拉伸后的变形模型。

如图 8-9 所示为垂面三线织物单胞模型纵向拉伸过程应力分布示意图，图 8-9（a）～（d）分别为模拟开始到结束的应力分布图，从蓝色到红色表示应力逐渐增大，纵向拉伸开始之前织物未受外力，线圈应力为 0，不存在形变。开始施加纵向拉伸外力，织物向上拉伸，图（b）为纵向拉伸前期线圈内部应力分布，由图所示当受到纵向拉伸时，最外层纬平针纱线首先由屈服状态沿纵向伸直，继续受力纱线在弹性变形阶段拉长，线圈圈柱承受较大拉力，圈柱与织物纵行方向夹角变小，圈柱伸直拉长，圈弧弯曲程度增大，圈弧受力较小，圈弧内表面弯曲处由于发生弯折受到较大应力；随着纵向拉伸的进行，纵向拉伸应力分布如图（c）所示，这时最外层纬平针纱线所受拉力较大，圈柱圈弧均发生了较大形变，纱线受到应力超过屈服应力，应变发展为塑性应变，纱线拉长变细，纤维间存在相互滑移，圈柱转动伸长应力变化明显，靠近两侧纱线接触点处应力大于圈柱中段，线圈交织处出现挤压变形，由于弯曲和摩擦关系，圈弧弯曲程度逐渐达到最大，圈弧依然是内表面所受应力较大，相邻圈弧接触紧密，纱线间接触点向圈弧滑移，纱线由圈弧向圈柱转移直至嵌套紧密转移停止，纱线间摩擦力很大，存在挤压变形现象；纵向拉伸结束时应力分布如图（d）所示，这时纱线出现断裂损伤，断裂处为圈柱靠近线圈交织点位置，再次证明此处由拉力和摩擦力共同作用，是纵向拉伸过程中线圈主要受力位置，纤维间滑移显著，线圈拉伸应力失效，拉伸结束。最外层纬平针线圈承担纵向拉伸力，次外层和中间层线圈在拉伸时发生转动。

图 8-10 为针织物单胞模型纵向拉伸侧视图，能够看出在单胞模型纵向拉伸过程中次外层和中间层纱线不承担拉力，随着拉力的增大，外层棉纱线圈断裂，次外层和中间层纱线从外层脱圈，拉伸结束。

如图 8-11 所示为垂面三线织物单胞模型横向拉伸过程应力分布示意图，（a）～（d）为拉伸应力云图，应力越大颜色越红。拉伸刚开始时，单胞模型没有被施加拉力，应力为 0，如图（a）所示。对织物施加向横向拉伸力，外层、次外层、中间层纱线承担拉力，织物中线圈的圈柱因垂直于拉伸方向的力而进行大幅度的转动，圈弧开始进行高曲率的伸直，为高弹性的变形，因此初始模量很小，如图（b）所示。随着应力的变大，纱线进行伸直或细微的伸长，模量开始逐渐增大，拉伸曲线开始呈线性，此时拉伸力由织物左端向右端传递，纱线受到较大应力产生变形，纱线变细伸长进入塑性阶段，最外层、次外层、中间层纱线出现挤压变形，线圈嵌套紧密，逐渐完成纱线之间力的转移，如图（c）所示。最外层棉纱的弹性弱于次里层和中间层的涤纶丝，随着纱线开始变细，以及纤维伸长、滑动，使纤维模量减少，最外层纬平针棉纱断裂、脱圈，次外层和次里层的纱线从纬平针棉纱上逐步脱圈，继续拉伸试样，次里层和中间

（a）模拟开始前应力云图　　　　　　　　　　　（b）模拟前期应力云图

（c）模拟后期应力云图　　　　　　　　　　　（d）模拟结束应力云图

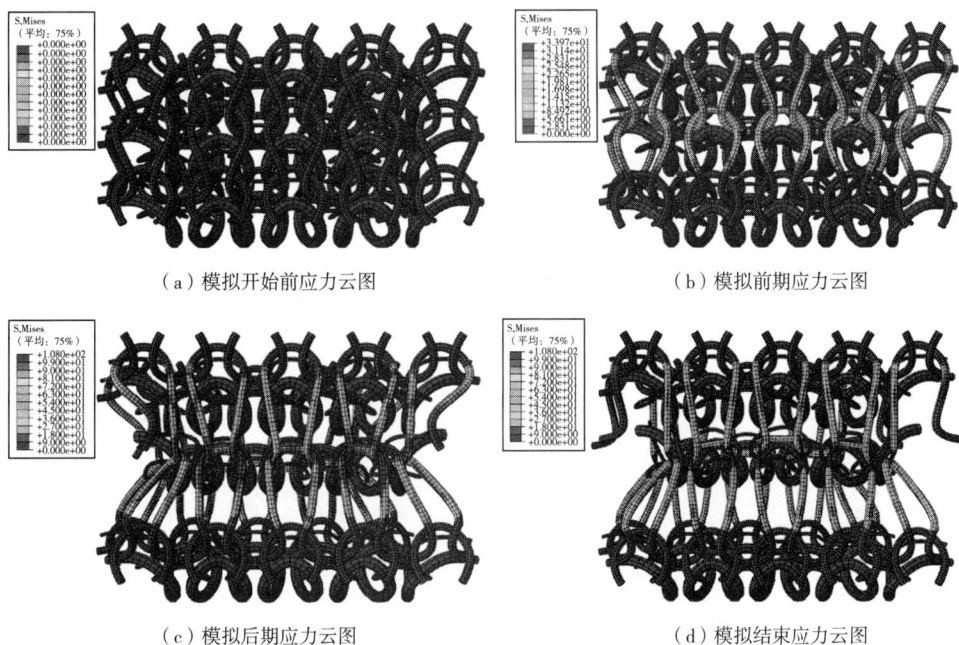

图 8-9　针织物单胞模型纵向拉伸过程应力云图（见文后彩图 3）

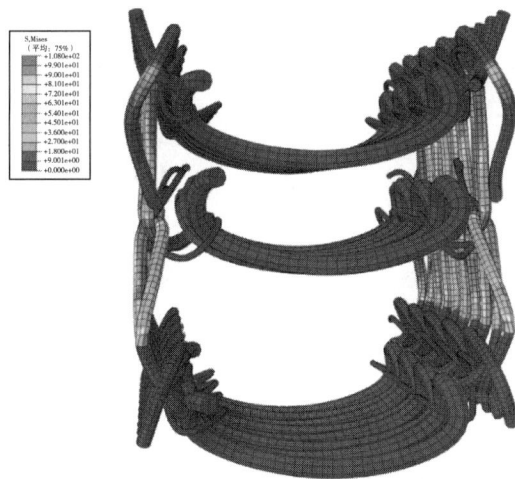

图 8-10　垂面三线串套织物单胞模型纵向拉伸侧视图

层的涤纶丝承担拉力，随着拉力的逐渐增大，模量小的次里层先断裂，模量大的中间层涤纶丝后断裂，织物应力下降，最后引起连锁反应，使织物断裂。图 8-12 所示为垂面三线串套织物单胞模型横向拉伸仰视图，能够看出横向拉伸时外层、次外层、中间层纱线均承担拉力。

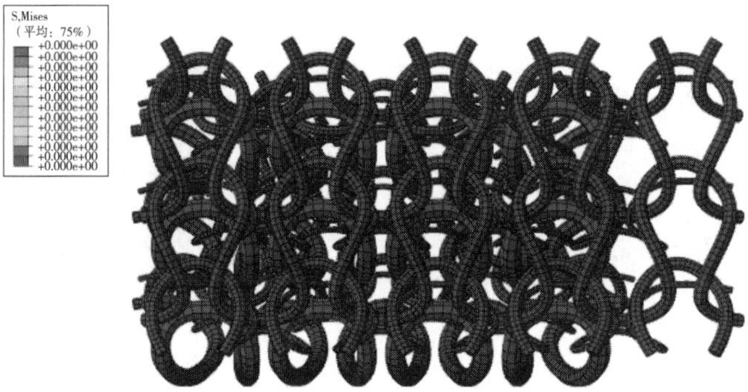

（a）模拟开始前应力云图

（b）模拟前期应力云图

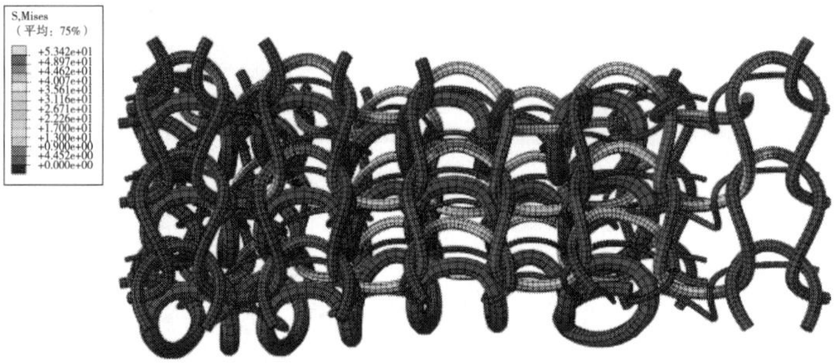

（c）模拟后期应力云图

（d）模拟结束应力云图

图 8-11　针织物单胞模型横向拉伸过程应力云图（见文后彩图 4）

图 8-12　垂面三线串套织物单胞模型横向拉伸仰视图

8.6　垂面三线串套织物力学有限元模拟

　　垂面三线串套织物模型由针织物线圈单胞模型阵列所得，由于线圈接触复杂，平面针织物模型模拟时计算量较大，不易以微观角度观察针织线圈拉伸情况，故将线圈和织物拉伸模拟分开讨论，针织物线圈单胞模型能够以微观视角细致地模拟针织线圈拉伸情况。垂面三线串套织物可以在宏观视角下描述针织物整体的拉伸情况，同时保证运算速度和结果精确性，两个模型起到相辅相成的效果。平面针织物模型的拉伸环境创建较单胞模型相似，主要有以下更改：

　　①垂面三线串套织物拉伸模拟中，织物模型建立的纵向拉伸模型和横向拉伸模型，纵向拉伸模型横向线圈数 6，纵向线圈数 20；横向拉伸模型横向线圈数 20，纵向线圈数 6。

　　②考虑到计算成本问题，针对平面针织物模型的网格密度选择较小密度划分，网格较大模拟结果不够精确，但能够有效提高运算速度。选择种子尺寸 1.4，外层种子尺寸 0.1，次外层 0.05，中间层 0.1，同样选择"C3D8R"六面体单元类型建立网格。

　　③在对模型进行载荷施加时，模拟 YG028 万能材料试验机织物单向拉伸方式，仅需对拉伸两侧进行约束即可，选定 y 轴方向为纵向拉伸方向，x 轴方向为横向拉伸方向。平面针织物纵向拉伸模型中，对最下面外层、里层、中间层线圈设定"$U1 = U2 = U3 = UR1 = UR2 = UR3 = 0$"完全固定约束，对最上面一行线圈施加沿 y 轴向上运动载荷，同时对其进行位移约束，以模拟针织物拉伸实验中上下夹持效果。同样的，在平面针织物横向拉伸模型中，对最右侧一列线圈设定"$U1 = U2 = U3 = UR1 = UR2 = UR3 = 0$"完全固定约束，对最左侧一列线圈设置沿 x 轴方向运动载荷同时设置移动约束。如图 8-13、图 8-14 所示。

　　如图 8-15 所示为平面针织物模型纵向拉伸应力分布图，针织物受到拉力时，外层纱线承担拉力，外层圈柱首先顺着拉伸的应力方向发生小幅度的转动，织物纵向产生

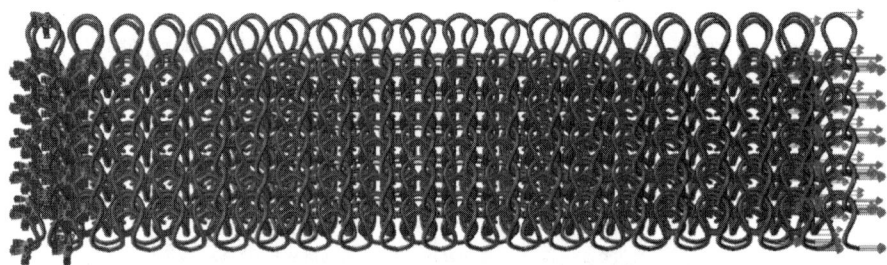

图 8-13 针织物平面纵向拉伸模型载荷施加

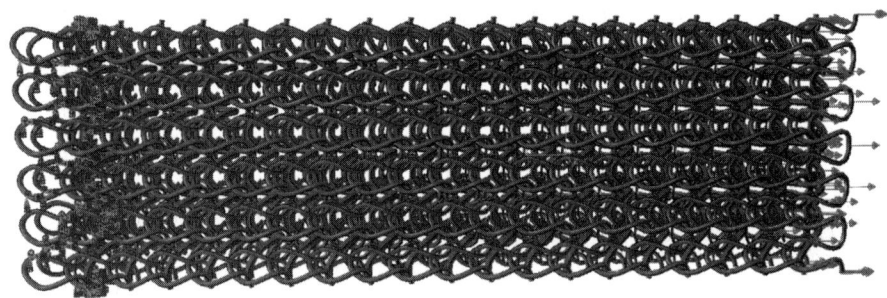

图 8-14 针织物平面横向拉伸模型载荷施加

较短位移，继续对织物施加纵向拉力，外层圈弧开始进行高曲率的变形，该阶段织物线圈发生弹性变形，初始模量很小，但比横向的初始模量较大。当织物所受应力逐渐变大时，纱线伸直并出现略微的伸长，织物拉伸曲线呈线状，随着应力的持续增加，纱线持续伸长并变细，纤维逐渐变细并发生滑动、屈服等，使织物的模量减少，并直接进入到织物的第一屈服点，由于里层和中间层涤纶所组成的线圈与牵伸力的方向呈垂直角度，与棉纱线圈相比不易进行变形，因此其断裂伸长比横向较低，此时棉纱最薄弱部位组成的线圈出现断裂、脱圈并瞬时连锁断裂导致棉纱层织物突然断裂，中间层涤纶纱也跟着脱圈，使后续的织物无力承担应力，织物中的线圈纷纷断裂，织物出现应力失效。在外层线圈受力拉伸变形的过程中，里层和中间层线圈与外层的成圈串套，线圈间的相互支撑使织物边缘未出现由两侧向中间卷曲的现象。

如图 8-16 所示为平面针织物模型横向拉伸应力分布图，同样存在初期纱线的屈曲状伸直以及后续弹、塑性阶段以及应力失效阶段。针织物横向拉伸时外层、里层、中间层纱线承担拉力，在针织物横向拉伸的第一阶段，织物中线圈的圈柱因垂直于拉伸方向的力而进行大幅度的转动，圈弧开始进行高曲率的伸直，初始模量很小，为高弹性变形。随着应力的变大，纱线进行伸直或细微的伸长，模量开始逐渐增大至常数 E_{max}，拉伸曲线开始呈线性，随着纱线开始变细，以及纤维伸长、滑动，使纤维模量减少，最后直接到达最弱纱线的断裂。外层纬平针棉纱断裂、脱圈，次外层和次里层的纱线从平针棉纱上逐步脱圈，继续拉伸试样，次外层和次里层的涤纶纱逐步断裂，随着织物受力增加，主要承受应力的纱线转变为中间层的涤纶纱，达到第二屈服点，此时涤纶纱线中最薄弱的部分开始断裂，织物应力下降，最后引起连锁反应，使织物断裂。

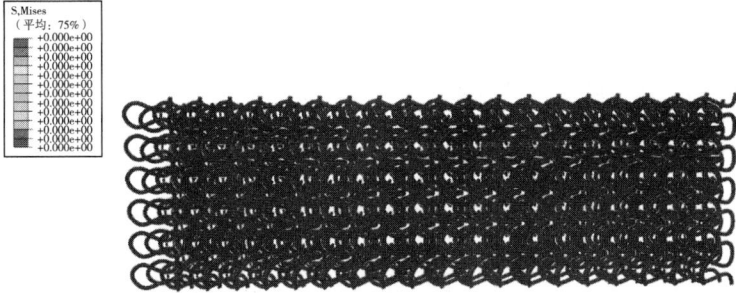

（a）模拟开始前应力云图

（b）模拟前期应力云图

（c）模拟后期应力云图

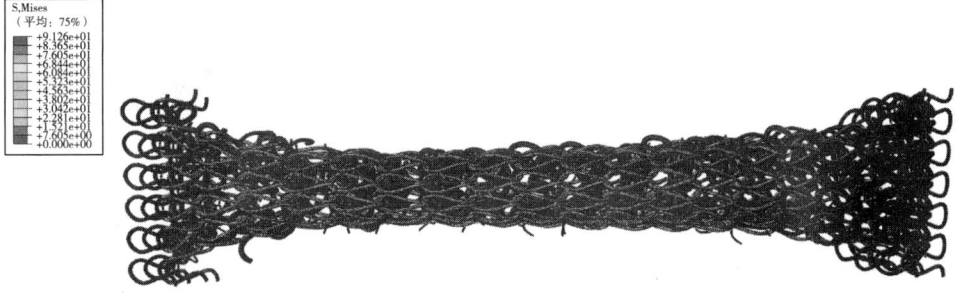

（d）模拟结束应力云图

图 8-15　平面针织物模型纵向拉伸过程应力云图

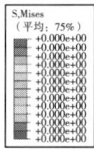

（a）模拟开始前应力云图

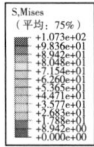

（b）模拟前期应力云图

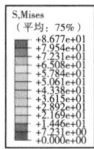

（c）模拟后期应力云图

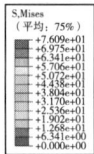

（d）模拟结束应力云图

图 8-16　平面针织物模型纵向拉伸过程应力云图

在利用 ABAQUS 进行拉伸模拟时，由于进行端部约束，一端完全固定并拉伸另一端，这时出现由拉伸侧向固定侧的应力传递，拉伸侧首先受到拉伸，致使拉伸形变的最大收缩位置偏向于拉伸一端。

8.7　拉伸试验验证及结果分析

8.7.1　针织物拉伸实验

依据 FZ/T 70006—2004《针织物拉伸弹性回复实验方法》，进行五层针织物横向、纵向拉伸试验。实验过程如下：

①使用重新设计过成圈系统的 20G34″双面大圆机织造实验样品，面料的基本参数见表 8-8。

表 8-8　垂面三线串套织物基本参数

参数	垂面三线串套织物面料
原料	12.9tex 双面棉纱 7.4tex 涤纶丝中间层 3.6tex 涤纶丝次里、处层
厚度（mm）	2.5
横密（5cm）	75
纵密（5cm）	100
克重（$g \cdot m^{-2}$）	265

②在距布边 200mm 以上的距离采用阶梯型裁样法剪取纵向、横向的五层面料样品各 3 块，试样大小 200mm×30mm，将所有样品平面放入恒温恒湿环境下松弛并调湿 24h。

③使用 YG026D 多功能电子织物强力机进行面料针织物拉伸试验，通过上下夹持器对织物试样两端夹持，夹持距离 100mm，试样有效尺寸 100mm×30mm，预张力为 2.0N，拉伸速度 100mm/min，分别进行横向和纵向拉伸测试。

④重复测试所有试样，测试完毕后处理数据得到试样的应力应变曲线。

8.7.2　模拟与实验结果对比

利用 ABAQUS 对针织物单胞有限元模型和针织物平面有限元模型分别进行横向和纵向模拟，输出特定应变的应力数值与实验应力—应变曲线比较结果如图 8-17 所示。

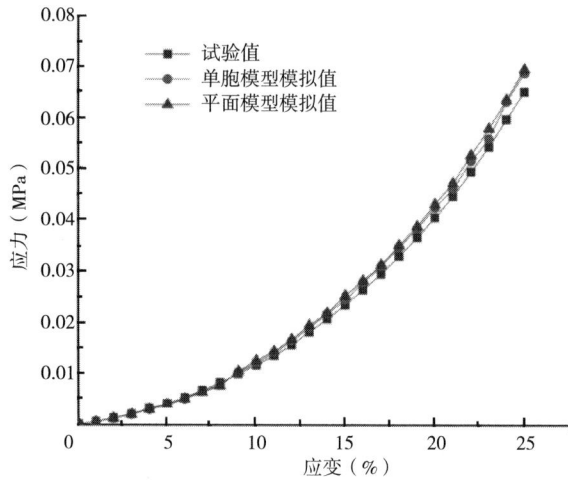

（a）纵向拉伸

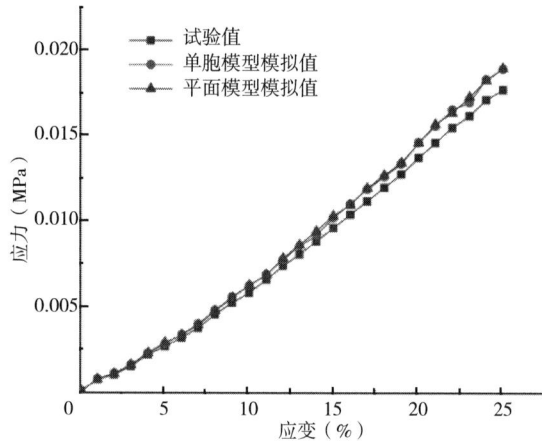

（b）横向拉伸

图 8-17　有限元模拟数值曲线与实验数值曲线对比

　　表 8-9、表 8-10 分别列出了针织物单胞有限元模型纵向、横向拉伸应力模拟值与试验值差异率对比。其中表 8-9 中针织物单胞有限元模型纵向拉伸模拟应力和试验应力最大差异率 5.5%，表 8-10 中针织物单胞有限元模型横向拉伸模拟应力和试验应力最大差异率 7.1%，该有限元模型模拟值与试验值相差小于 7.2%。证明了针织物单胞拉伸力学有限元模型模拟的有效性。

表 8-9　针织物单胞模型纵向拉伸模拟值与实验值对比

应变（%）	5	8	10	15	20	25
试验应力（MPa）	0.00409	0.00818	0.01169	0.02349	0.04055	0.06511
模拟应力（MPa）	0.004	0.00777	0.01211	0.02447	0.04225	0.06874
误差（%）	4.2	5.0	3.5	4.1	4.9	5.5

表8-10 织物单胞模型横向拉伸模拟值与实验值对比

应变（%）	5	8	10	15	20	25
试验应力（MPa）	0.00273	0.00458	0.00585	0.00965	0.01374	0.01774
模拟应力（MPa）	0.00289	0.00482	0.00627	0.01025	0.01464	0.01896
误差（%）	5.8	5.2	7.1	6.2	6.5	6.8

表8-11、表8-12分别列出了针织物平面有限元模型纵向、横向拉伸应力模拟值与试验值差异率对比。

表8-11 针织物平面模型纵向拉伸模拟值与实验值对比

应变（%）	5	8	10	15	20	25
试验应力（MPa）	0.00409	0.00818	0.01169	0.02349	0.04055	0.06511
模拟应力（MPa）	0.0039	0.00757	0.01256	0.02532	0.04326	0.06961
误差（%）	4.7	7.5	7.3	7.7	6.6	6.9

表8-12 针织物平面模型横向拉伸模拟值与实验值对比

应变（%）	5	8	10	15	20	25
试验应力（MPa）	0.00273	0.00458	0.00585	0.00965	0.01374	0.01774
模拟应力（MPa）	0.00295	0.00479	0.00629	0.01036	0.01461	0.01899
误差（%）	8.0	4.5	7.5	7.3	6.2	7.0

其中表8-11中针织物平面有限元模型纵向拉伸模拟应力和试验应力最大差异率7.7%，表8-12中针织物平面有限元模型横向拉伸模拟应力和试验应力最大差异率8.0%，该有限元模型模拟值与试验值相差小于8.0%。证明了针织物单胞拉伸力学有限元模型模拟的有效性。针织物平面有限元模型差异率较针织物单胞模型大，原因在于网格划分是密度较小，计算不够精准。

本章首先对有限元计算方法和ABAQUS有限元软件进行简介，并对其主要功能模块进行了介绍，说明本章有限元拉伸模型建模流程，进行纱线拉伸实验并处理数据，得到纱线材料的弹性模量、泊松比、屈服应力应变等信息为创建模型材料获得必要性能参数。使用第2章改进成圈机构的20G34″双面大圆机，织造垂面三线串套面料为研究对象，观察针织物结构，定义针织物线圈结构参数和线圈中心线型值点，通过非均匀有理方程反推控制点，使用3D建模软件Rhinoceros通过非均匀有理B样条（NURBS）曲线确定线圈中心线和截面曲线，分别构建垂面三线串套织物单胞线圈和平面织物纵、横向拉伸模型。利用ABAQUS有限元软件分别模拟垂面三线串套织物单胞线圈和平面织物纵、横向拉伸过程，以垂面三线串套织物单胞线圈拉伸有限元模型为例介绍定义材料截面、创造拉伸环境、选择分析模块、划分网格及提交作业的针织物有限元模型建立过程。最后对垂面三线串套织物单胞线圈和平面织物纵、横向拉伸模拟过程进行分析，通过垂面三线串套织物拉伸强力实验验证模拟结果有效性，结果表明：

①通过观察针织物模拟拉伸过程发现：织物横向拉伸时外层、里层、中间层纱线承担拉力，随着拉力的增大，受拉方向的纱线由屈曲变为伸直，这个过程称为屈曲伸直过程。应力继续增大，纱线还会经过弹性形变、塑性形变、拉伸断裂过程。在拉伸过程中线圈内部发生圈柱转动、圈弧受力形变和纱线转移，线圈取向变形，纱线间接触点接触越来越紧密最终不再发生纱线转移，织物沿受拉方向变长变窄最后最外层线圈出现断裂，次外层纱线从最外层脱圈，继续拉伸直到次外层和中间层的涤纶丝断裂，拉伸结束。织物纵向拉伸时外层纱线承担拉力，随着拉力的增大外层纱线同样存在屈曲状伸直以及后续弹、塑性阶段以及应力失效阶段，针织物沿纵向变窄变长，最后外层纱线出现断裂、脱圈，里层和中间层涤纶纱也跟着脱圈，织物中的线圈纷纷断裂，拉伸结束。

②通过实验验证发现：垂面三线串套织物单胞线圈有限元模型、垂面三线串套织物有限元模型模拟值和实验值差异率均在 8% 以内，证明有限元模拟针织物拉伸力学性能行之有效。

③垂面三线串套织物单胞线圈有限元模型和垂面三线串套织物有限元模型分别在微观线圈和宏观织物两个角度对针织物单向拉伸行为进行了模拟，解决了大模型不能进行精细网格划分和不能准确反映拉伸过程中线圈变形和应力变化的问题，得到结果良好。

参考文献

［1］陈东生．服装卫生学［M］．北京：中国纺织出版社，2000：64.

［2］陈星毅，吴志明．弹性针织服装的压力舒适性研究［J］．天津工业大学学报，2009，5（28）：33-37.

［3］李毅．服装舒适性与产品开发［M］．北京：中国纺织出版社，2002：110.

［4］姚艳菊，陈雁．塑身内衣压力舒适性的影响因素分析［J］．国际纺织导报，2010（10）：76-78.

［5］肖旋，李全明．服装压理论及其测试方法的研究进展［J］．天津工业大学学报，2010，4（29）：48-52.

［6］李俊，王晓琼，张雪峰，等．服装接触舒适性与其织物手感的相关性研究［J］．青岛大学学报（工程技术版），2006（1）：65-70.

［7］WM, K. Fabric stiffness, handle and flexion［J］. Journal of Textile Istitute, 1966（75）：99-106.

［8］SALIM M I. A Psychological scale for fabric stiffness［J］. Journal of Textile Institute, 1985：76, 442-449.

［9］HAJIME T, MICHIAKI F, HIROYUKI K, et al. Influence of curvature radius and compression enerry on clothing pressure of cylinder model［J］. Journal of Textile Engineering, 2007, 53（6）：225-230.

［10］NAKAMURA N, MOROOKA H. Influence of pressure intensity and width of belt on compressive feeling and sensitivity of abdomen［J］. Sen'i Gakkaishi, 2004, 60（12）：386-391.

［11］MOMOTA H, MAKEBE H, MITSUNO T, et al. A study of clothing pressure caused by Japanese men's socks［J］. Journal of the Japan Research Association for Textile End-uses, 1993（34）：175-186.

［12］TOSHIYUKI T, YOSHIAKI A, YOICHI M, et al. Comfort pressure of the top part of men's socks［J］. Textile Research Journal, 2004, 74（7）：598-602.

［13］GHOSH S, MUKHOPADHYAY A, SIKKA M, et al. Pressure mapping and performance of the compression bandage/garment for venous leg ulcer treatment［J］. Journal of Tissue Viability, 2008, 17（3）：82-94.

［14］TAMURA T, MARI I. Relationship between clothing pressure and pressure sensation in the lower body［J］. Fiber Preprints, 2007, 62（2）：75-82.

［15］MOROOKA H, NAKAHASHI M, MOROOKA H, et al. Effects of clothing pressure exerted on a trunk on heart rate, blood pressureskin blood flowand respiratory function［J］. Journal of the Textile Machinery Society of Japan, 2001, 54（2）：37-42.

[16] YU W, FAN J, QIAN X, et al. A soft mannequin for the evaluation of pressure garments on human body [J]. Sen Gakkaishi, 2004, 60 (2): 57-64.

[17] 李俊, 张渭源, 王云仪. 人体着装部位间皮肤冷感受之差异性研究——局部皮肤温度变化的多重比较 [J]. 东华大学学报, 2002, 28 (3): 13-19.

[18] 范恒华, 詹长录, 等. 不同抗荷服对下肢血流的影响 [J]. 航天医学与医学工程, 1997, 10 (4): 268-272.

[19] DENTON M J. FIT Stretch and comfort, 3rd shirley international seminar [J]. Textiles for Comfort, Manchester, England, 1970 (6): 15-17.

[20] 阎玉秀. 下肢各部位的压迫对皮肤血流量的影响 [J]. 丝绸技术, 1996 (2): 47-51.

[21] 彭远开, 徐国林, 刘钢, 等. 人体着全压服充压条件下的能量代谢 [J]. 航天医学与医学工程 1998, 3 (11): 182-185.

[22] 王小兵. 服装穿着接触压力舒适的研究 [D]. 西安: 西北纺织工学院, 1989.

[23] 陈贵翠, 张立峰. 短季棉牛仔布的接触舒适性测试与分析 [J]. 化纤与纺织技术, 2010, 2 (39): 43-46.

[24] 韩露, 于伟东. 织物刺痒感产生机理探讨 [J]. 北京纺织, 2001 (4): 51-53.

[25] PARTSCH H. Ambulant therapy for deep vein thrombosis and the value of compression [J]. Gefasschirurgie, 2006, 11 (1): 23-25.

[26] TOSHIYUKI T, YOSHIAKI A. Comfort pressure of the part of men's socks [J]. Textile Research Journal, 2004, 74 (7): 598-602.

[27] MITJA B, ALAN B, ANETA S, et al. Continuous wavelet transform of laser-Doppler signals from facial microcirculation reveals vasomotion asymmetry [J]. Microvascular Research, 2007, 74 (1): 46-50.

[28] JAN Y K, BRIENZA D M, GEYER M J, et al. Wavelet-Based spectrum analysis of sacral skin blood flow response to alternating pressure [J]. Arch Phys Med Rehabil, 2008, 89 (1): 140-145.

[29] YILDIZ Niluefer. A novel technique to determine pressure in pressure garments for hypertrophic burn scars and comfort properties [J]. Burns, 2007, 33 (1): 60-62.

[30] SIU W W. Prediction of Clothing Sensory Comfort Using Neural Networks and Fuzzy Logic [J]. Doctor Thesis, 2002 (1-37): 94-116.

[31] ARAUJO M, FANGUEIRO R, HONG H. Modeling and simulation of the mechanical behaviour of weft-knitted fabrics for technical application [J]. AUTEX Research Journal, 2004, 4 (1): 26-32.

[32] 郑小号, 张新斌, 朱三童, 等. 基于垂面串套的三维纬编针织结构设计与工艺 [J]. 针织工业, 2022 (7): 13-15.

[33] 吕进. 服装舒适性与影响因素的综合评价 [J]. 棉纺技术, 1999, 27 (8): 12-14.

［34］陈南梁．氨纶弹性针织品的发展与内衣卫生保健［J］．上海纺织科技，2005，33（1）：6-7.

［35］于伟东，储才元．纺织物理［M］．上海：东华大学出版社，2002.

［36］NAKAIASHI M, MOMOKA H, HIRAGA S, et al. Effect of clothing pressure on front and back of lower leg on compressive feeling［J］. Japan Research Association of Textile End-uses, 1999, 40（10）：49-56.

［37］NAKAHASHI M, MOROOKA H. An effect of a compressed region on a lower leg on the peripheral skin blood flow［J］. Japan Research Association of Textile End-uses, 1998, 39（6）：392-397.

［38］HARUMI M, MIYUKI N, HIDEO M. Compressive property of legs and clothing pressuer of panthhose from the view point of diference in age［J］. Japan Research Association of Textile End-uses, 1997：44-52.

［39］YOSHIKO N, TADASHI N, YOSHIAKI H, et al. Cardiovascular responses in wearing girdle［J］. Journal of the Japan Research Association for Textile End-Uses, 1995（36）：68-73.

［40］MIYUKI N, HARUMI M, HIDEO M. An effect of a compressed region on a lower leg on the peripheral skin blood Flow［J］. Journal of the Japan Research Association for Textile End-uses, 1998（39）：392-397.

［41］NORIKO I, et al. Effects of clothing pressure exerted on a trunk on heart rate blood pressure skin blood flow and respiratory function［J］. Journal of the Textile Mechinery Soeiety of Japan, 1995（36）：102-108.

［42］FROMY B, ABRAHAM P, SAUMET J L. Progressive calibrated pressure device to measure cutaneous blood flow changes to external pressure strain［J］. Brain Research Protocols, 2000（5）：198-203.

［43］DEMIROZ A, DIAS T. A Study of the graphical representation of plain-knitted structures part Ⅱ: experimental studies and computer generation of plain-knitted structures［J］. Journal of the Textile Institute, 2000, 91（4）：481-492.

［44］王佳．着装压力与人体生理舒适性研究［D］．苏州：苏州大学，2008.

［45］潘志娟，李栋高．人体生理反应与纺织品感觉评价［J］．苏州丝绸工学院学报，2001，3（21）：12-17.

［46］MAKABE H, MOMOTA H, MITSUNO T. Effect of covered area at the waist on clothing pressure［J］. Sen-1 Gakkaishi, 1993, 49（10）：513-521.

［47］ITO N, INOUE M, NAKANISHI M, et al. The relation among the biaxial extension properties of girdle cloths and wearing comfort and clothing pressure of girdles［J］. Japan Research Association of Textile End-uses, 1995（36）：102-108.

［48］林经伟，张新斌，高秀红，等．一种空气层面料：CN211771842U［P］．2019-12-31.

［49］AYAKO I, MASAE N, MASAKO N. Relationship between wearing comfort and physical properties of girdles［J］. Japan Research Association of Textile End-uses, 1995（36）: 109-118.

［50］ SASAKI K, MIYASHITA K, EDAMURA M, et al. Evaluation of foundation comfort based on the sensory evaluation and dynamic clothing pressure measurement［J］. Journal of the Japan Research Association for Textile End-uses, 1997, 38（2）: 53-59.

［51］ POLIŃSKI Z, WIEŹLAK W. Investigation of pressure fields on clothing presses ［J］. International Journal of Clothing Science and Technology, 1999, 9（2-3）: 113-127.

［52］ CHAN AP, FAN J. Effect of clothing pressure on the tightness sensation of girdles ［J］. International Journal of Clothing Science and Technology, 2002, 14（2）: 100-110.

［53］ NAKAHASHI M, MOROOKA H, NAKAJIMA C, et al. Effects of clothing pressure of pantyhose with controlled loop length on the human circulatory system ［J］. Sen'i Gakkaishi, 2003, 59（10）: 407-413.

［54］ YAMADA T, MATSUO M. Clothing pressure of knitted fabrics estimated in relation to tensile load under extension and recovery processes by simultaneous measurements ［J］. Textile Research Journal, 2009, 79（11）: 1021-1033.

［55］ SONOKO I, YUMIKO I, MARIKO M, et al. Prediction of clothing pressure distribution by using finite element method - prediction of clothing pressure for underwear ［J］. Journal of Textile Engineering, 2010, 56（3）: 77-85.

［56］ HONG L, CHEN D, WANG, et al. A study of the relationship between clothing pressure and garment bust strain, and Young's modulus of fabric, based on a finite element model ［J］. Textile Research Journal, 2011, 81（13）: 1307-1319.

［57］ 王小兵, 姚穆. 体育防护用品的压力舒适性及运动功能性探讨［J］. 西北纺织工学院学报, 2001, 15（2）: 56-65.

［58］ 由芳, 张欣. 紧身服的宽裕量及弹性模量与服装压感的关系［J］. 西安工程科技学院学报, 2000, 14（2）: 133-137.

［59］ 占辉, 徐军. 服装压力舒适性研究及应用［J］. 北京纺织, 2004（5）: 58-60.

［60］ 吴济宏, 于伟东. 针织面料的拉伸弹性与服装压［J］. 武汉科技学院学报, 2006, 1（19）: 21-25.

［61］ 职秀娟. 氨纶弹性针织面料服装压与其延弹性关系的研究［D］. 上海: 东华大学, 2007.

［62］ 宋晓霞. 针织运动内衣服装压力和人体舒适性的关系［J］. 针织工业, 2007（4）: 33-37.

［63］ 王旭, 孙妍妍, 邹梨花, 等. 针织物双反面组织结构的三维建模研究［J］. 武汉纺织大学学报, 2018, 31（6）: 7-10.

[64] 蒙冉菊，方园. NURBS 样条曲线纬编针织物线圈结构的建模分析 [J]. 浙江理工大学学报，2007，24（3）：219-224.

[65] 李英琳. 纬编针织物三维仿真研究 [D]. 天津：天津工业大学，2013.

[66] 沙莎，蒋高明，张爱军，等. 纬编针织物线圈建模与变形三维模拟 [J]. 纺织学报，2017，38（2）：177-183.

[67] 宋晓霞，董宝云，冯勋伟. 针织运动上衣结构和面料变化对服装压力的影响 [J]. 东华大学学报（自然科学版），2011，2（37）：170-176.

[68] 李巧莲，谢梅娣. 服装压力舒适性与弹性针织物拉伸率关系的探讨 [J]. 纺织科技进展，2008（5）：97-98.

[69] 肖平，张文斌，黄方. 针织束裤动态服装压的变化特征分析 [J]. 针织工业，2009（1）：37-41.

[70] 董宝云，宋晓霞. 针织面料的模拟压力测试分析 [J]. 上海工程技术大学学报，2010，2（24）：118-122.

[71] 王永荣. 弹性针织物压力性能研究及测试系统的设计与开发 [D]. 上海：东华大学，2010.

[72] 徐军，周晴. 运动内衣压力分布的主观评定 [J]. 纺织学报，2005，26（2）：77-81.

[73] 李显波，王希. 氨纶弹性针织服装压力的测试 [J]. 针织工业，2003，12（6）：45-47.

[74] 徐杰，钱晓明，徐先林，等. 服装压力测试方法的探讨 [J]. 针织工业，2008，9：35-41.

[75] 崔立明，陈东生. 服装压力测试技术的现状 [J]. 国际纺织导报，2007（4）：75-78.

[76] 段杏元. 服装压力测定方法的研究 [J]. 针织工业，2006，11：53-55.

[77] KIRK W, IBRAHIM S M. Fundamental relationship of fabric extensibility to anthropometric requirements and garment performance [J]. Textile Research Journal, 1966 (57)：37-47.

[78] CHENG J C Y, EVANS J H, LEUNG K S, et al. Pressure therapy in the treatment of post-burn hypertrophic scar—a critical look into its usefulness and fallacies by pressure monitoring [J]. Burns, 1984, 10 (3)：154-163.

[79] MACINTYRE L, BAIRD M. The study of pressure delivery for hypertrophic scar treatment [J]. International Journal of Clothing Science and Technology, 2004, 16 (1/2)：173-183.

[80] DIAS T, YAHATHUGODA D, FERNANDO A. Modelling the interface pressure applied by knitted structures designed for medical-textile applications [J]. Journal of the Textile Institute, 2003, 94 (3)：77-86.

[81] 顾伯洪. 纺织材料力学性能研究有限元方法应用综述 [J]. 中国纺织大学学报，1998，24（3）：106-109.

[82] 徐一耿 . 织物结构力学理论发展的现状、问题与对策 [J] . 力学与实践，1996，18（1）：9-12.

[83] 周华强，聂孟喜 . 薄壁梁结构一维有限元精确刚度矩阵 [J] . 清华大学学报（自然科学版），2009，49（9）：73-74.

[84] 杨盛福，陈锦江，刘坤 . ANSYS 在弹性体点接触分析中的应用 [J] . 机械研究与应用，2007，20（4）：107-108.

[85] IVELIN I，ALA T. Flexible woven fabric micromechanical material model with fiber reorientation [J] . Mechanics of Advanced Materials and Structures，2002：37-51.

[86] ZHANG X，YEUNG K W，LI Y. Numerical simulation of 3D dynamic garment pressure [J] . Textile Research Journal，2002，72（3）：245-252.

[87] YEUNG K W，LI Y，ZHANG X. A 3D biomechanical human model for numerical simulation of garment-body dynamic mechanical interactions during wear [J] . Textile research journal，2004，95：59-79.

[88] 于伟东 . 纺织物理 [M] . 2 版 . 上海：东华大学出版社，2009：71-120.

[89] 朱生群，袁嫣红，李跃珍 . 基于 Tex Gen 的筒状纬编针织物的三维仿真 [J] . 现代纺织技术，2019，27（6）：57-61.

[90] 瞿畅，王君泽，李波 . 纬编针织物基本组织的计算机三维模拟 [J] . 纺织学报，2009，30（11）：136-140.

[91] 孙亚博，李立军，马崇启，等 . 基于 ABAQUS 的筒状纬编针织物拉伸力学性能模拟 [J] . 纺织学报，2021，42（2）：107-112.

[92] 顾平，许家英 . 基于 3DS MAX 软件平台织物结构的三维模拟 [J] . 丝绸，2007（11）：40-43.

[93] 许海燕，李炜，冯勋伟 . 针织基本组织的动态模拟 [J] . 东华大学学报（自然科学版），2001，27（4）：88-92.

[94] NIINEMETS Ü，TENHUNEN J D. A model separating leaf structural and physiological effects on carbon gain along light gradients for the shade-tolerant species Acer saccharum [J] . Plant Cell and Environmont，1997（20）：845-866.

[95] SCHULTZ H R. Grape canopy structure，light microclimate and photosynthesis. I：A two-dimensional model of the spatial distribution of surface area densities and leaf ages in two canopy systems [J] . Vitis，1995（34）：211-215.

[96] 王辉，方园，潘优华 . 纬编针织物线圈模型的分析与研究 [J] . 浙江理工大学学报，2008（5）：521-525.

[97] 陈惠兰，冯勋伟 . 经编针织物线圈几何结构研究的进展 [J] . 上海纺织科技，1996（6）：37-41.

[98] GROSSBERG P. Purification of anti-p-azobenzoate antibodies [J] . Journal of the Textile Institute，1964（55）：18-26.

[99] 杜虎兵 . 针织物线圈单元模型分析与线圈长度求解 [J] . 河南纺织高等专

科学校学报，2007（9）：12-14.

[100] 李华，邓中民 . 经编线圈数学模型的建立及仿真［J］. 纺织科技进展，2009（3）：5-8.

[101] 赵华 . 经编针织物线圈长度的简易测量方法［J］. 上海纺织科技，1997（3）：14-15.

[102] 王勖成，邵敏 . 有限单元法基本原理和数值方法［M］. 清华大学出版社，1997：122-123.

[103] 刘国庆，杨庆东 . ANSYS 工程应用教程：机械篇［M］. 北京：中国铁道出版社，2003：31-33.

[104] 李兵 . ANSYS 工程应用［M］. 北京：清华大学出版社，2010：1-30.

[105] 曾攀 . 有限元分析及应用［M］. 北京：清华大学出版社，2004：1-23.

[106] 顾伯洪 . 机织物拉伸性能有限元模拟计算方法及应用［J］. 纺织学报，1998，2（3）：12-13.

[107] 顾洪波，陈明 . 织编机机架固有频率的有限元分析［J］. 中国纺织大学学报，1989（4）：83-91.

[108] 马溢林 . 讨论轴动力学问题的动态有限元［J］. 中国纺织大学学报，1986（5）：73-77.

[109] 顾伯洪 . 非织造布拉伸性能有限元模拟计算［J］. 纺织学报，1998，19（3）：140-142.

[110] 龙海如 . 针织学［M］. 2 版 . 北京：中国纺织出版社，2014：364-390.

[111] 盛颂恩，陈盼星 . 纤维织物增强复合材料等效弹性常数的有限元预测［J］. 浙江工业大学学报，1999（3）：27-29.

[112] 盛颂恩 . 纤维织物增强复合材料微观应力场的有限元分析［J］. 复合材料学报，2000，2（17）：111-113.

[113] 马雷雷，田伟，冯兆行，等 . 三维纺织复合材料准静态拉伸实验的有限元模拟［J］. 浙江理工大学学报，2010（3）：383-386.

[114] 龙海如 . 纬编针织物增强复合材料力学性能研究［D］. 上海：东华大学，2002.

[115] 刑明杰 . 涡流纺流场的研究［J］. 纺织学报，1998（5）：268-272.

[116] 朱晔 . 竹节纱拉伸变形过程中的有限元分析［D］. 无锡：江南大学，2010.

[117] 张克和，方园 . 针织物结构研究与计算机仿真［J］. 浙江理工大学学报，2006（1）：8-12.

[118] 韩晓果，肖学良，周红涛，等 . 两向紧密交织结构单向拉伸下泊松比的动态变化［J］. 东华大学学报（自然科学版），2019，45（3）：381-385.

[119] 潘月，岑洁，游晓悦，等 . 服用织物拉伸性能的各向异性分析［J］. 浙江理工大学学报（自然科学版），2015，33（6）：733-737，743.

[120] 仲柏俭，张新杰，张碧峰，等 . 纬编空气层双面麂皮绒面料：CN205046291U

［P］．2015-10-09.

［121］夏风林，陈展云．针织机械的发展动向［J］．纺织导报，2005（8）：81-84.

［122］齐威．ABAQUS 6.14超级学习手册［M］．北京：人民邮电出版社，2016.

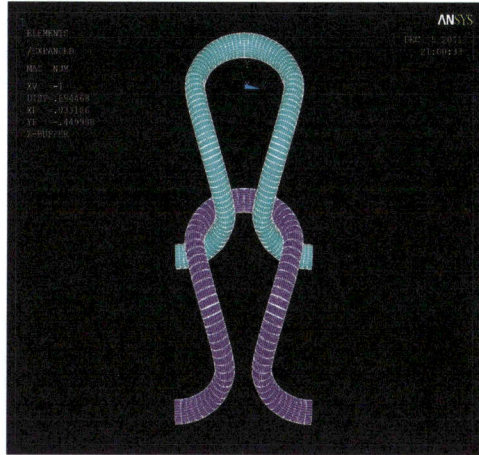

彩图 1　单个针织物线圈有限元模型（见正文第 128 页图 6-11）

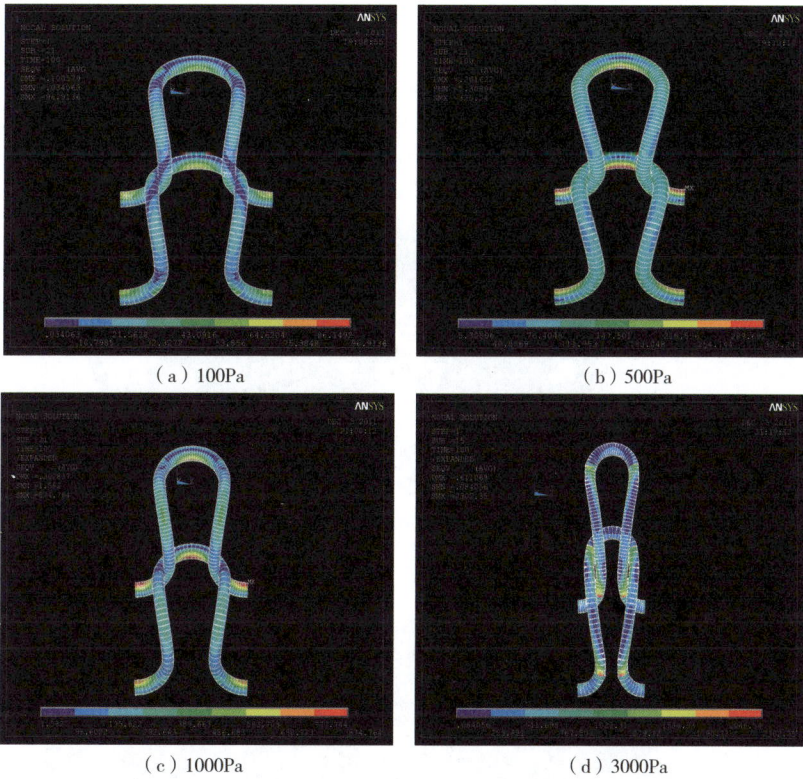

（a）100Pa

（b）500Pa

（c）1000Pa

（d）3000Pa

彩图 2　纬编针织物单线圈受力分析有限元模型（见正文第 129 页图 6-12）

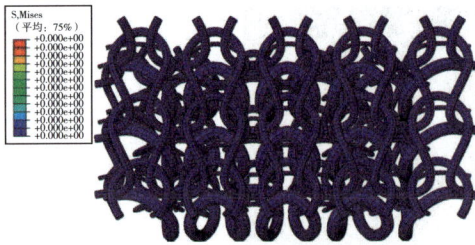

（a）模拟开始前应力云图　　　　　　　　　　（b）模拟前期应力云图

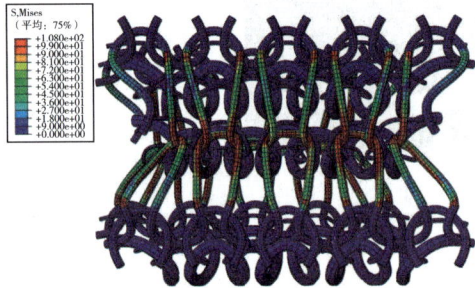

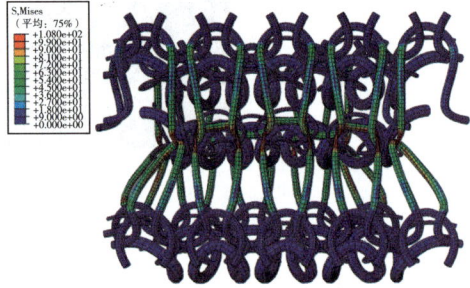

（c）模拟后期应力云图　　　　　　　　　　（d）模拟结束应力云图

彩图 3　针织物单胞模型纵向拉伸过程应力云图（见正文第 165 页图 8-9）

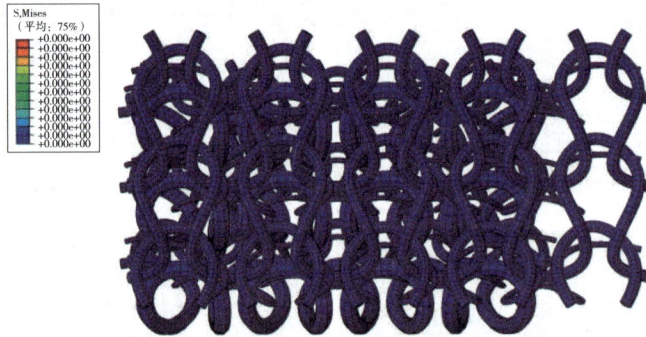

（a）模拟开始前应力云图

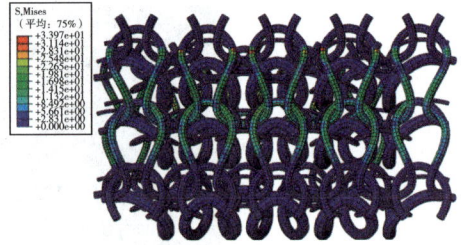

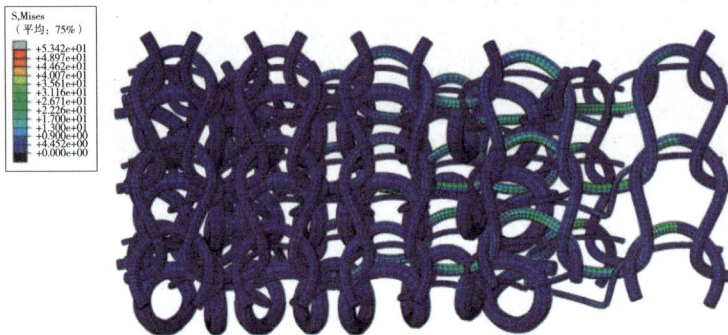

（b）模拟前期应力云图

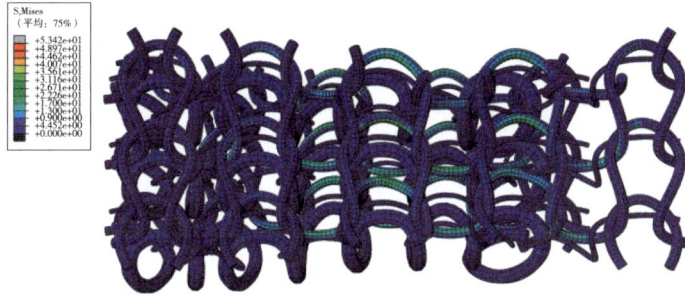

（c）模拟后期应力云图

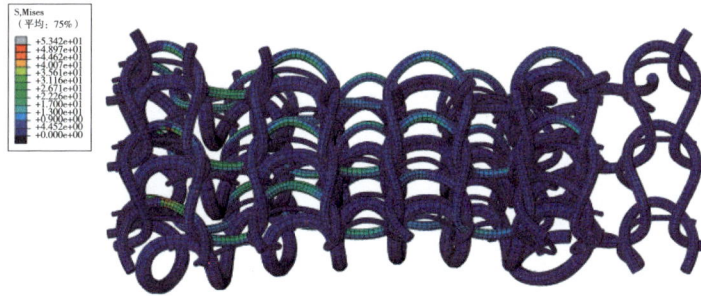

（d）模拟结束应力云图

彩图 4　针织物单胞模型横向拉伸过程应力云图（见正第 166 页图 8-11）